地形図でたどる日本の風景

今尾恵介

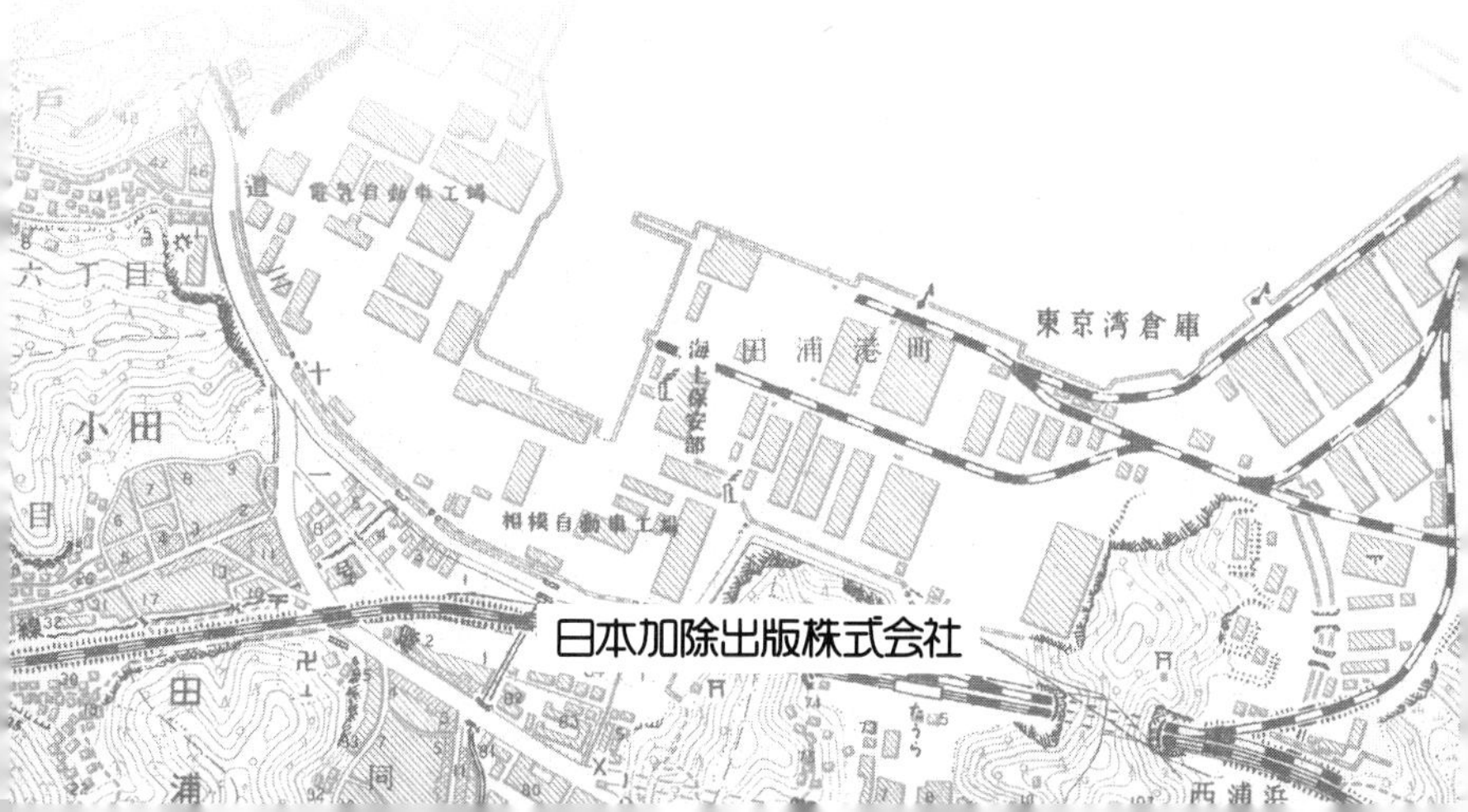

日本加除出版株式会社

地形図でたどる日本の風景

私が中学一年生の時に出会った地形図は、まさに「風景が見える地図」だった。もちろん、最初から見えたわけではない。毎日歩いて通う自宅から横浜市立万騎が原中学校までの道が細道までちゃんと描かれていて、学校の校舎と校庭の配置がまさにそのままであったのに感激した。それから毎日のように眺めているうち、なんとなく風景が見えるようになってきたのである。

拙宅のあたりは、図では黒い四角が整然と並んでおり、四角の数こそ実際より少なめだが、「雰囲気」はその通りだった（雰囲気を伝えるのが地形図の大きな役割）。このあたりは分譲住宅だから周囲にも同じような家が並んでいて、必然的に近い年代の子供たちが多かったが、その住宅地とは別に、学区には古くからの農家の集落もあった。それらの家はだいたい納屋つきの大きな屋敷で、庭には樹齢何百年というケヤキなどが鬱蒼たる木立を成している。そんな集落は地形図ではグレーの網かけ表示になっていて、なるほどと納得できた。

カエルを何十匹もつかまえ、またアオダイショウを目撃したこともある家のすぐ近くの田んぼも、ちゃんと田の記号が谷戸沿いに並んでいる。しかしその田んぼの両側を流れていた小川は描かれていないので、「このくらいの川は二万五千分の一地形図では省略されるのか」と自然に納得したものだ。どんなに小さな川も忠実に描いていたらキリがない。

田んぼの向こうはすぐ杉の山になっていて、針葉樹林の記号が等高線の上に描かれている。いつも家から見送っていた東海道新幹線の線路はその山を切通しでまっすぐ抜けており、小さく描かれた跨線橋の金網越しに見下ろす「ひかり」のスピードは相当な迫力だった。一帯は丘陵地で坂道が多く、等高線も適度に描かれて凹凸が把握しやすい。しかも森も宅地も田畑もあるから、入門者が地形図を読み始めるにはこれ以上ないほどの場所だったかもしれない。

そんな風にいつも眺めていたのでいつの間に地形図が自然に読めるようになったが、その反面で、等高線がなく田畑や森林を示す植生記号もない市街地図はだいぶ物足りなかった。番地やマンションの名前、交差点名などは詳しいけれど、住宅地が農家なのか分譲住宅なのかがわからないと、どうにも景色が浮かんでこないのである。

さて、本書は『地形図でたどる日本の風景』と連載の時のままのタイトルにした。日本という国は三七・八万平方キロというとてつもない大きさを持っている。周囲をロシアや中国といった超大国で囲まれ、太平洋の向こう側のアメリカも巨大であるため、世間では日本を「小さな国」と誤解している人が多いけれど、約二〇〇もある国のうちで六〇番目ほどの堂々たる大国だ。冬は流氷が来るオホーツク海沿岸から、珊瑚礁の海が広がる沖縄県八重山までが同じ国内に存在する。それほど気候的にも多様性に富んでいるわけで、そんな国は世界を見渡しても他にアメリカぐらいしかないだろう。

しかも海岸線がおそろしく長い。リアス海岸や多くの島々が数値を引き上げているわけだが、アメリカやオーストラリアをしのぐ堂々世界第六位だそうだ（ちなみに第一位はダントツでカナダ）。地質的に見ても四つのプレート（北米・ユーラシア・フィリピン海・太平洋）がひしめく場所にあるため山と谷が複雑に入り組み、非常に多くの魅力的な火山が存在する。また各地を流れる川も、地殻変動や多量の降水の影響を受けて彫りの深い、時には穏やかな表情で、実に多様な流れ方をしている。思わず地形図で鑑賞したくなる山河が全国に満ちている「地形幸《さき》わう国」なのだ。

その上に人間が長い時間をかけて作った都市や村もそれぞれ味わいがある。古くからの城下町や宿場町、港町からニュータウンまで、いろいろな顔を持つ地域に多くの人が日々暮らしを営み、まさにその舞台の上で各人各様の喜怒哀楽が綴られている。新旧の地形図を比較してみれば、かつて炭鉱町として繁栄を極めた町が閉山で衰退し、また森に戻ったところもあれば、私が育った横浜市郊外のように農村集落が点在していた丘陵地が大々的に開発されて大変貌を遂げたところも珍しくない。

そして、それら多種多様な顔を持った各地を結ぶ鉄道や道路が地形図にメリハリを与えている。特に鉄道の線路は明治大正期に建設されたものも多く、勾配に弱い蒸気機関車が登れるようにと工夫を凝らした線形になった。何度もS字のカーブを繰り返しながら峠に挑み、最後に分水界のトンネルをくぐる線路を地形図で味わう醍醐味は、興味のない人が見たらさっぱり理解できないかもしれないが……。

地形図が苦手という人がいるのは承知している。無理にとは言わないが、地形図は慣れれば読めるようになる。等高線を見ただけで起伏の様子はすぐわかるし、植生記号や集落の様子で総合的な風景は眼前に浮かんでくるはずだ。本書はその「入門」などと言うのはおこがましいが、地形図を楽しむためのヒント集だと思っていただければ十分である。国内の地形図が難なく読めるようになれば、外国の地形図でも、明治の地形図でも、細かい記号は異なれど、表現方法の基本は同じだから、楽しめるはずだ。もちろん昨今ではパソコンやスマートフォンでも等高線つきの「地理院地図」が見られるのは言うまでもない。

多様性に満ちて魅力たっぷりの日本の姿を、これを機に存分にお楽しみいただければ著者としては幸いである。

目次

※本書は、日本加除出版発行の月刊誌『住民行政の窓』に「地形図でたどる日本の風景」として平成二七年一月から同三〇年九月に連載したものに、加筆修正を加えたものです。
※本書に使用した地図は特記したものを除き、国土地理院およびその前身機関によるものです。

地図と記号のしくみ

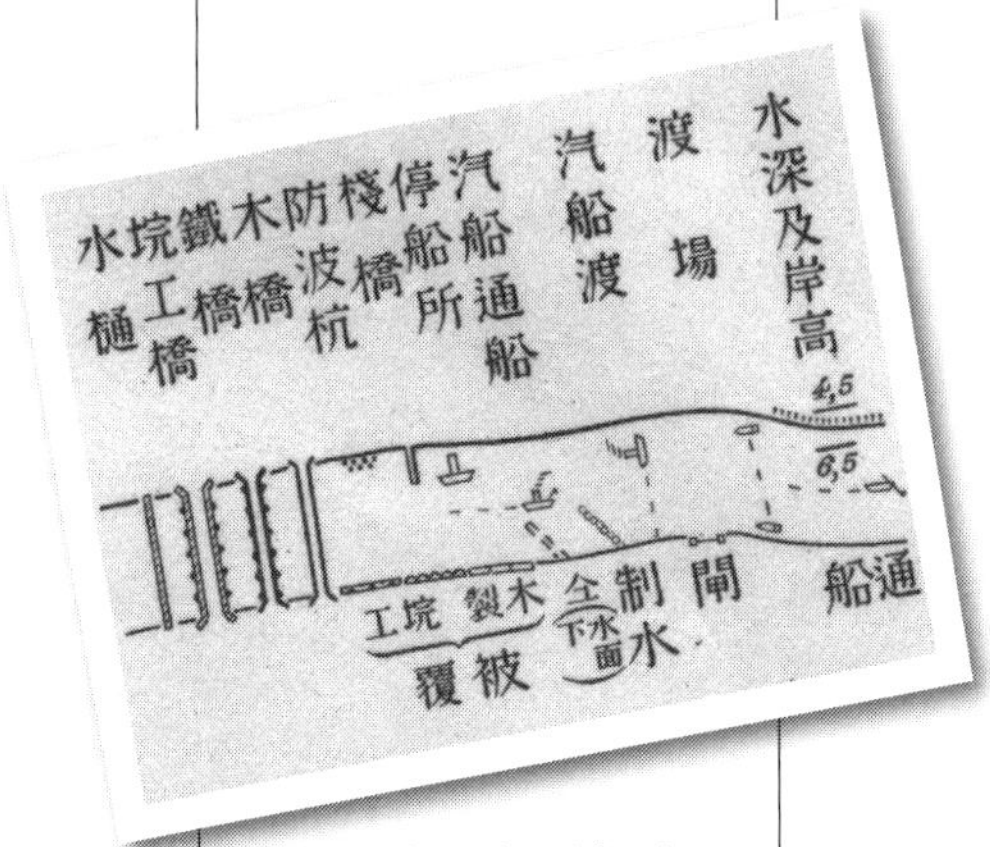

大正６年地形図図式より

地図はすべて記号でできている

小中学校の社会科では地図記号を学ぶ授業がある。身近なものでは、文が学校、卍なら寺で鳥居マークは神社。これらは誰もが知っている地図記号の代表格で試験でも点数が稼げたが、裁判所や税務署、森林管理署、保健所などになると正答率はだいぶ下がったはずである。

さて、先ほど「卍は寺の記号」と述べたが、これは国土地理院が発行する地形図（以下地形図）を中心に多くの民間地図会社も採用してはいるけれど、ハーケンクロイツに似ていることを懸念してか、寺の本堂の側面形を用いるなどまったく別の記号を用いる地図会社もある。同じく地形図で×印は交番（駐在所）だが、スマホで表示される地図では、たとえば制帽をかぶった警官の横顔だったりする。学校も単なる文マークは地形図では小中学校を意味し、高校はこれを〇で囲んだものと決められていて、さらに大学や特別養護学校に関しては固有名称を記すので記号は省くのが原則だ。

地図記号といえば、以上に挙げたように建物の種類を表わすロゴマーク的なものを思い浮かべることが多いけれど、そもそも地図は文字以外のすべてが記号でできている。たとえば地形図では針葉樹林や竹林、荒地など植生の状態を示す記号もあれば、田や畑・牧草地、果樹園などの耕地関係もそれぞれ記号がある。もちろん地形の起伏を表現する等高線、海岸線や河川の

地形図の記号と使用例。地名などの「注記」以外はすべて記号で表現されている。図は1:25,000 地形図「川崎」南西端の一部で、欄外に記号凡例が印刷されている（一部）。

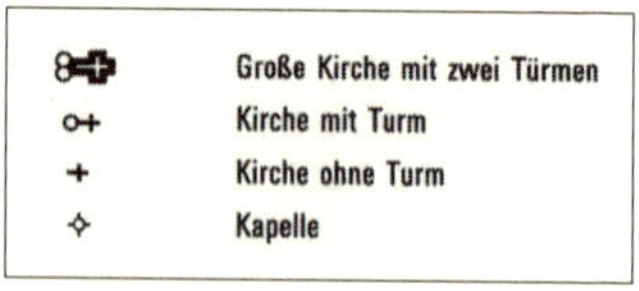

ドイツの1:25,000地形図（バーデン＝ヴュルテンベルク州測量局発行）に見られる教会関係の記号。上から「2本の塔を持つ大聖堂」「塔のある教会」「塔のない教会」「礼拝所（チャペル）」

輪郭、崖や土砂崩れなどの崩壊地の表現もすべて図式規定に従った記号だし、鉄道や道路、堤防などの人工構造物の表記も同様だ。

端的に言えば地図制作とは「この世を記号化すること」である。しかし記号というものは多種多様なものを一つの考え方でくくって類別し、個別の細かい差異を捨てて抽象化した「シンボル」であるから、たとえば地形図でケヤキやサクラといった樹種の森を「広葉樹林」でくくり、水田やハス田、ワサビ田など水を張った耕地に「田」の記号、東京タワーと団地の給水塔と五重塔をまとめて「高塔」とするような編集、つまり抽象化のための作業が各所で行われた結果が地図なのだ。

ところで外国の地図記号はどうなっているだろうか。「地図記号は世界共通」と漠然と思っている人は意外に多いのだが、そんなわけにはいかない。たとえば当然ながら神社仏閣に関する記号はドイツの地形図には存在しない。記号の対象となる物がほとんどないからであり、その代わりに日本の二万五千分の一地形図にないキリスト教会の記号がある。

欧米や韓国などキリスト教徒の人口が多い国にこの記号は必須で、ほぼ共通して十字架にちなんだデザインが主流だ。特にドイツやオーストリアの地形図では、塔が一本の教会と複数ある教会が別の記号で区別されているほどで、同じ町にいくつも教会が存在する中で、目印にもなる都市の大聖堂がどこにあるかが図上で一目瞭然で判別できることは重要だ。民間市街図の中にはさらにカトリックとプロテスタントで記号を異にする例もある。

植生の記号もそれぞれの国の気候風土に合わせて柔軟に決められていて、イタリアの地形図にオリーブ畑やブドウ畑の記号があり、またドイツの地形図にホップ畑、ブラジルの地形図にコーヒー園、アフリカ・モザンビークの地形図にサイザル麻の記号、日本の地形図に茶畑があるなど、各地でそれぞれの名産に関する記号が設定されている。各国で「この世」をどのように切り分け、抽象化しているか。興味深いところである。

地形図で景色を味わう

地図は「この世を記号で表わした図」であると述べたが、早速その記号に注目しながら、どんな土地がどのように表現されているかを実例で示してみよう。次頁の図例は国土地理院発行の二万五千分の一地形図である。神奈川県小田原市の南部、東海道本線の根府川《ねぶかわ》駅（上端）付近。駅のすぐ南側は白糸川を渡る鉄橋で、「撮りテツのお立ち台」としてその筋では有名なポイントだ。その鉄橋はかなり高いことが図を見ればわかる。根府川駅が四〇メートルと五〇メートルの等高線の間に位置しており（実際の高さは四五・二メートル）、鉄橋の直下の川に二〇メートルの等高線がかかっているので、少なくとも二〇メートル以上の高さはある。周囲の地形はだいぶ急峻で、関東大震災の時には山が崩れて根府川駅に停まっていた列車を海まで押し流し、駅員から乗客、地元住民に多くの犠牲者が出た。

国道を意味するアミ掛け（実際には茶色）の道路が二本あるが、このうち西側は国道一三五号の旧道で、明治期からルートがあまり変わっていない。これに対して海岸沿いを通っているのは戦後に開通した比較的新しい道路である。路上に等間隔で点が入るのは有料道路の表現だが、この図が発行された翌年に無料開放され、西側の旧道は県道に移管された。地図というものが完成直後からじわじわ古地図に近づくことは、紙でもデジタルでも宿命である。

山肌に規則的に配置された果樹園記号は、ここではミカン。冬になれば沿道に直売の露店が並ぶ産地だ。ちなみに規則的な記号の配置は人の手が入った土地利用で、果樹園の他にも田畑や茶畑などはこの並び方になっている。これに対して広葉樹林・針葉樹林などの森林の記号はランダムに配置するのが特徴だ（自然林・人工林を問わず）。根府川駅の西側の集落にアミが掛かっているのは「樹木に囲まれた居住地」の記号で、地方では古くからの集落に用いられることが多い。図の上端中央の中高層の独立建物はリゾートホテル。集落のアミの有無は景色を想像するための大きなヒントとなるが、最近の四色刷地形図（平成二十五年図式）ではこの表現が廃止された。

東海道本線の西側でちらりと地上に出ているのは東海道新幹線で、北側の片浦トンネルと、それに続く南郷山トンネル（線内では新丹那トンネルに次いで二番目に長い）の間のわずか約一九〇メートルの「すき間」である。時速二七〇キロの「のぞみ」ならわずか二・五秒で通過

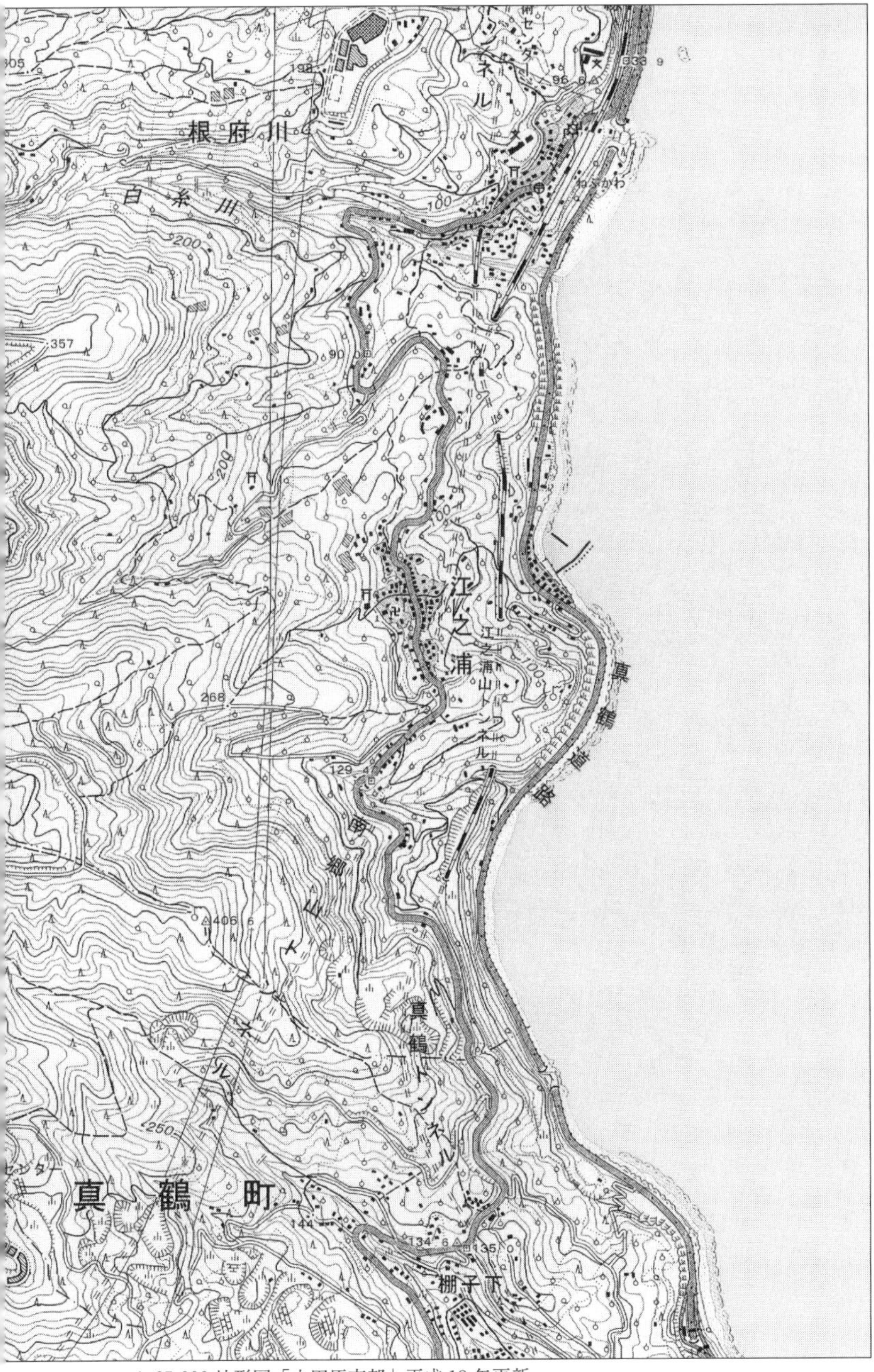

1:25,000 地形図「小田原南部」平成 18 年更新

1:25,000 地形図「武蔵府中」平成 19 年更新

してしまう。サブリミナル効果のようではあるが、海がちらりと望めるのは嬉しい。

右の図は川崎市麻生《あさお》区役所のある小田急の新百合ヶ丘《しんゆりがおか》駅付近である。駅前にいくつかある格子模様の独立建物は店舗などが入るビルで、○印の区役所はそれらのビルではなくて○の北側の黒い独立建物である。周囲に目立つ黒い独立建物（多くが長方形）は場所柄でマンションが多い。駅の北西の四六メートルの標高点がある交差点（角に警察署）から小田急に沿って南下するのが津久井道《つくいみち》で、その西側のアミ掛け集落（古沢）はやはり古くからの集落だ。その南の谷には田んぼも残る。これに対して図の右下の「上麻生四丁目」の文字の周囲は黒い家形が規則的に並んでいることから、典型的な分譲住宅地である。

このように地形図上でも新旧さまざまな要素が混在している複雑な地区であることが読み取れる。中央付近に見える小田急多摩線の五月台駅は、五力田《ごりきだ》という地名の荒削りな感触を忌避したらしく、駅名に採用されなかったのは残念だ。そんなことを考えながら地形図を観賞するのもなかなか楽しいものである。

地図の縮尺を実感する

地図は世の中を縮めて表わした図なので、どのくらい縮めたのかを示す「縮尺」がつきものだ。もちろん絵地図や鳥瞰図など例外はあるけれど、ふつうは「五万分の一」などの分数で呼び、実際には一：五〇〇〇〇といった表記になる。図が一に対して実物が五万という意味で、戦前は「比例尺」などとも呼ばれていた。

とはいえ、ふだん地図に親しんでいる人でないと縮尺を実感する機会はあまりない。およその目安を挙げてみると、一軒一軒の名前が載った住宅地図は一五〇〇分の一、登山地図で多いのが四万分の一、道路地図帳などはいろいろな縮尺があるけれど、東京と横浜の間が三〇センチで表わされる程度であれば一〇万分の一、学校の地図帳で関東地方全図なら一二〇万分の一、同じく南米大陸が見開きで収まっていれば二六〇〇万分の一、といった具合である。これらは一例に過ぎないが、モノが最も大きく表わされる住宅地図が大縮尺、南米全図が小縮尺という呼び方をする。縮尺の大小は相対的なものなので、どこからが大縮尺かという区分の境界はない（業界によっては中縮尺という用語を使うこともある）。

地図には縮尺の数値の他に「スケールバー」というモノサシが印刷されている。図上の距離はこれを目安に測ることができるが、私は左手のVサインをもっぱら使う。たまたま左手の人さし指と中指の間が一〇センチなので、これをディバイダーのように地図に当てて測るのだ。縮尺が明記された図であれば、一〇万分の一の地図ならこのVサインが一〇キロ、一二〇万分の一なら一二〇キロ、二六〇〇万分の一なら二六〇〇キロに相当する。もちろん人によってサイズは違うから「マイ一〇センチ」を把握しておけばモノサシとして重宝するので、お試しいただきたい。

①

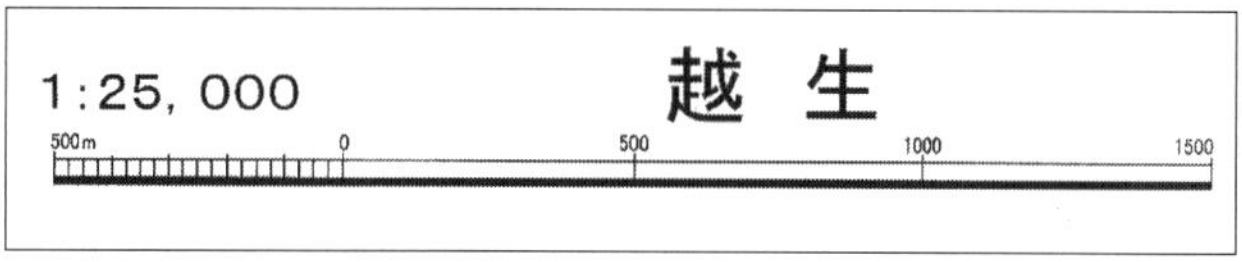

②

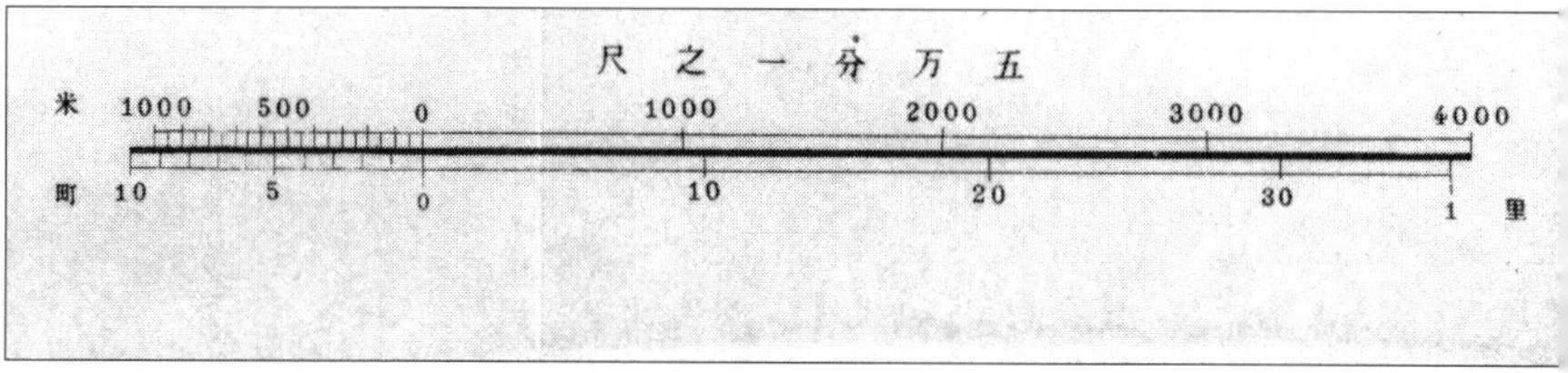

③

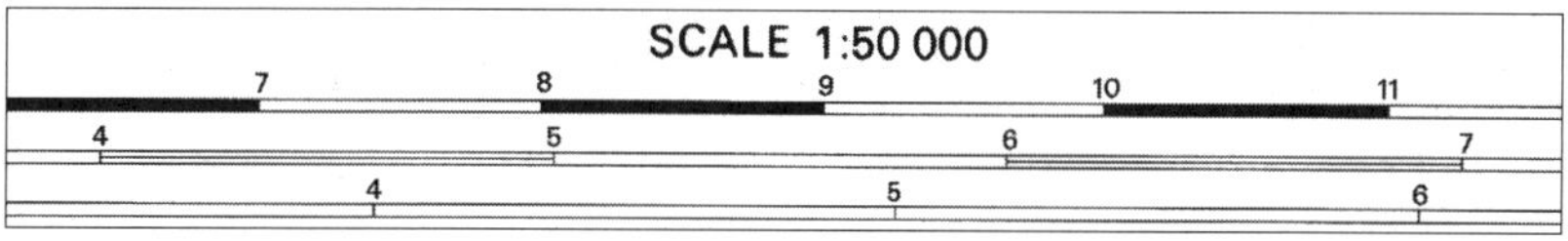

④

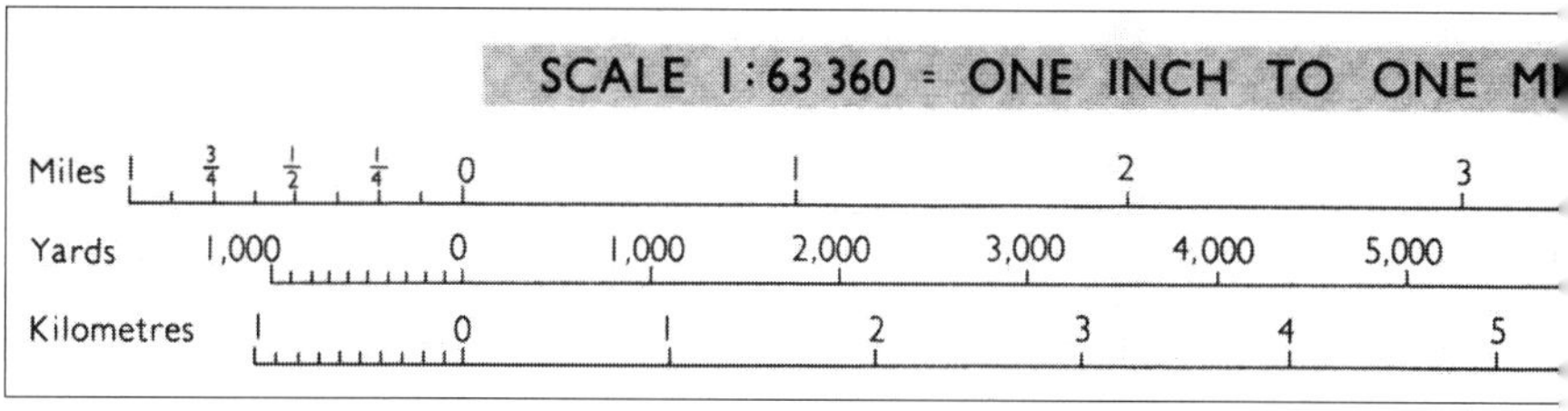

①は国土地理院の２万５千分の１地形図の縮尺表示とスケールバー。
②は旧版５万大６富山のスケールバー
③は現在の英国５万分の１地形図。メートル（上段）の他にマイル（中段）、海里（下段）のスケールバーが並べられている。
④は英国１マイル１吋地図スケールバー（1971）。

ついでながらパソコンの地図は利用者のディスプレイのサイズで縮尺が異なるので縮尺の数値は掲載されていない。スケールバーは付いているが、それを使うより距離計測ツールが簡単だ。たとえば自宅から宗谷岬までの直線距離など、紙の地図だと難しい場面でも瞬時にわかるのは嬉しい。もちろん道沿いをたどった距離もわかるし、ギザギザした不定形の土地の面積も簡単に測れてしまうのでいろいろな場面で重宝する。

英国の一九七〇年代までの地形図は、日本の五万分の一地形図に相当するシリーズが六万三三六〇分の一だった。なぜこんなに半端な数値になるかといえば、一マイルが一インチで表わされる縮尺だからで、つまり一マイル＝一七六〇ヤード、一ヤード＝三フィート、一フィート＝一二インチなので、一七六〇×三×一二＝六万三三六〇という計算である。図上には一マイルごと（図上では一インチ＝二・五四センチごと）に碁盤目に線が入っており、距離を簡単に実感することができた。数値は半端だけれど、わかりやすさを優先した結果だ。現在では英国もメートル法を採用しているので五万分の一になっている。

マイルといえば日本では飛行機の「マイレージ」でお馴染みだが、この世界では伝統的に「船文化」を受け継いでおり、マイルといってもノーティカル・マイル、つまり海里（一海里＝一・八五二キロ）で、陸のマイル（約一・六〇九キロ）とは違う。ちなみに一海里は緯度一分の長さに相当し、時速一ノットは一時間に一海里進む速さである。時速二〇ノットなら三時間で緯度一度を航行できるスピードなので、海図を見れば所要時間が簡単に把握できる仕組みだ。縮尺を容易に把握できるシステムがよく考えられていたのである。

高さの基準は東京湾

富士山の高さを「三七七六メートル」と覚えている人は多いが、その数値がどこを基準にしたものであるかは意外に知られていない。もちろん海を〇メートルとした時の比高に決まっているが、すぐ間近な駿河湾ではなく「東京湾の平均海面」だ。高さの基準は地形図には必ず記されているが、海面はそもそも満潮と干潮を繰り返しており、しかも大潮と小潮でその高さは異なる。場所によっても違うので複雑だが、日本の場合は首都のある東京湾に置かれた験潮場で長期間にわたって海面を精密に測り、これによって平均海面を定めているのだ。

この〇メートルは陸続きでなくても、精密な「渡海水準測量」で結ばれているところでは有効で、北海道最北端の宗谷岬から九州最南端の佐多岬まで「東京湾の平均海面」に基づいて標高が決められている。ただし本土から遠く離れた島々はその限りでなく、たとえば沖縄本島なら那覇港の平均海面、小笠原の父島では二見港の平均海面が〇メートルになっている。平均海面が測定できていない絶海の孤島などでは単に「〇〇付近の海面」としている場合もある。

それでは、地形図に描かれた海岸線は〇メートルの等高線に等しいだろうか。答えは否である。地形の輪郭となる海岸線は「満潮時」と決まっているため、場所によって数十センチから数メートル高い。干満の差が大きな遠浅の海岸では、大潮の干潮時に沖合はるか先まで干潟が広がるが、そのような場合には海岸線の他に干潮時の海岸線を破線で示し、その内側に点々で「干潟」を描く（左図）。〇メートルの等高線は海岸線と干潟のラインの中間地点付近にあることになるが、平均海面は地域によって異なるので、完全にまん中というわけではない。

素朴に考えると、海面は世界中どこでもつながっているのだから、せめて平均海面ぐらいは一定だと思いたくなるが、実際には国や地域によって最大ではメートル単位で異なることもある。なぜかといえば外洋か湾かといった地形条件、それに従って複雑に変化する潮流の状況、それに地球の重力の不均一などさまざまな要因が関係しているからだ。

ヨーロッパ各国の高さの基準はいろいろで、たとえばドイツでは隣国アムステルダムで一七世紀に測定した海面を〇としているが、隣のフランスでは地中海のマルセイユの平均海面が基準なのでドイツよりちょうど五〇センチ低い。内陸国のオーストリアでは、かつてのオーストリア＝ハンガリー帝国の港町であったトリエステ（現在はイタリア領）が〇メートルで、これはドイツより三四センチ低い。同じ地中海でもイタリアの半島を挟んでマルセイユとは一六センチ数値が異なるわけだ。また東欧諸国の多くは旧ソ連の影響が大きく、ロシアのクロンシュタットの平均海面を採用しており、これはドイツより一四センチ高い（ポーランドの場合）。

さて話は国内に戻るが、同じエリアなら高さの基準は同じと言いたいところだが、河川などの工事では東京の場合「A．P．」を用いることがある。これは荒川ペイル（Peil はオランダ語

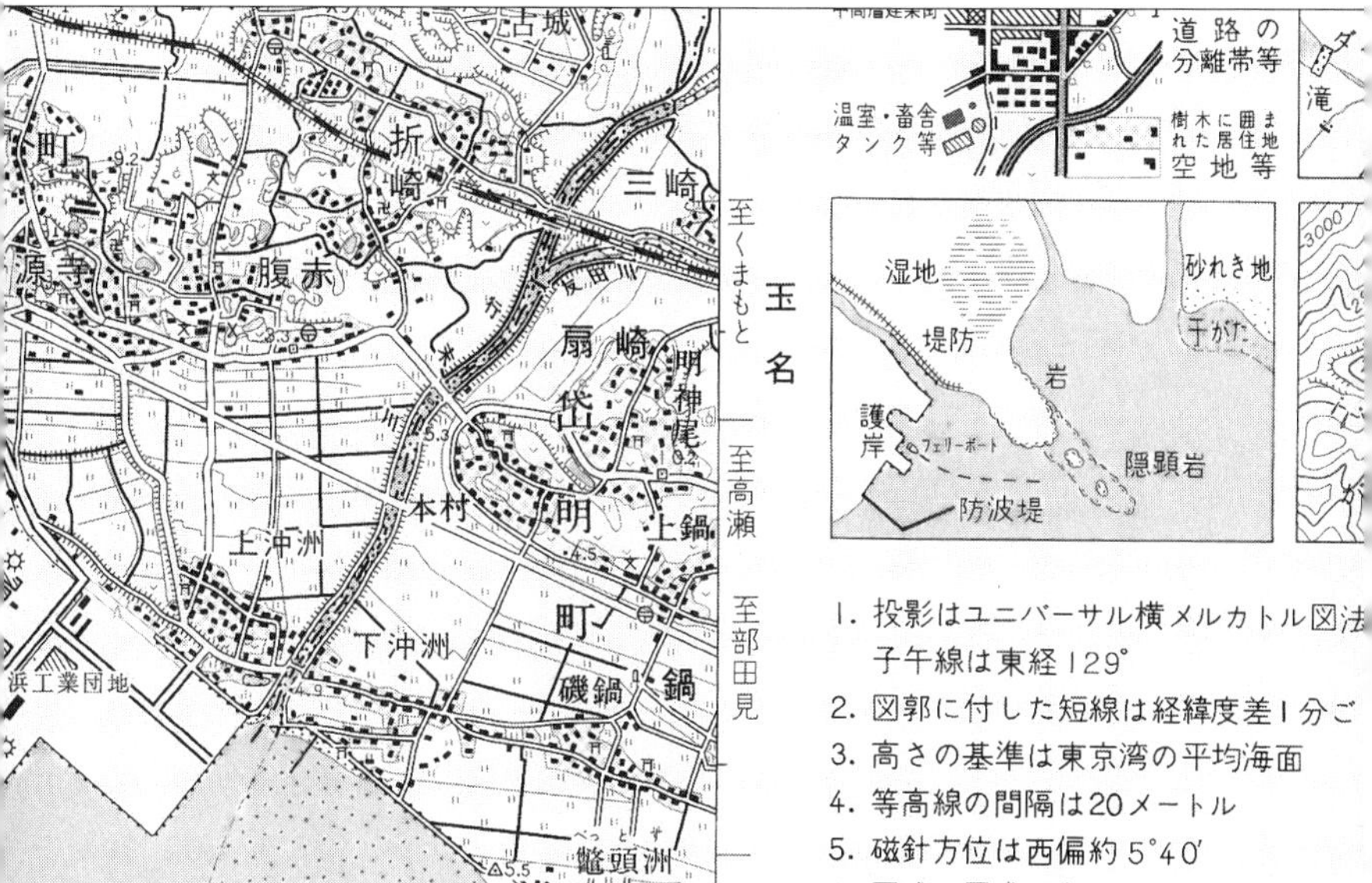

地形図に記載された「高さの基準」と、干満の差が大きい有明海に描かれた干潟（海面に点々とある部分）。1:50,000「荒尾」平成３年修正

で量水標の意）の略で、東京湾の大潮の干潮時の海面だ。「東京湾の平均海面（T.P.）」より一・一三四四メートル低くなっているが、要するに海面近くで工事を行う場合、平均海面を〇にしたのではプラスとマイナスが交錯して間違いの元になってしまうからだ（大阪ではO.P.が用いられる）。ついでながら海図の〇メートルは「東京湾の平均海面」などではなく、それぞれの海面の最低低潮面（大潮の干潮時）である。これは船舶の安全を第一に考えての措置だ。

等高線で地形を読む

立体的な地形の様子を平面上に表わすことは、大袈裟に言えば人類の長年の課題であった。たとえば「おむすび型の山」を横から見ておむすび型に描くことは簡単で、古代から広く用いられてきた表現方法なのだが、同じ山でも反対側から見るとテーブル状、また別の方角から見ればトンガリ山に見えるなど、視点によって形を異にする例は数知れない。たとえば秋田・岩手県境に位置する烏帽子山《えぼし》。これは岩手県側の呼び名で、秋田県側では乳頭山《にゅうとうさん》という。見る地点によって形が異なる典型だ。

いろいろな地形を客観的に表現する手段として一八世紀にヨーロッパで発明されたのが等高線である。文字通り等しい高さを結んだ線なので、傾斜が緩ければ等高線の間隔は広く、急であれば狭い。さらに垂直に近い崖だとその線があまりに密集して描けないので、実際には「崖

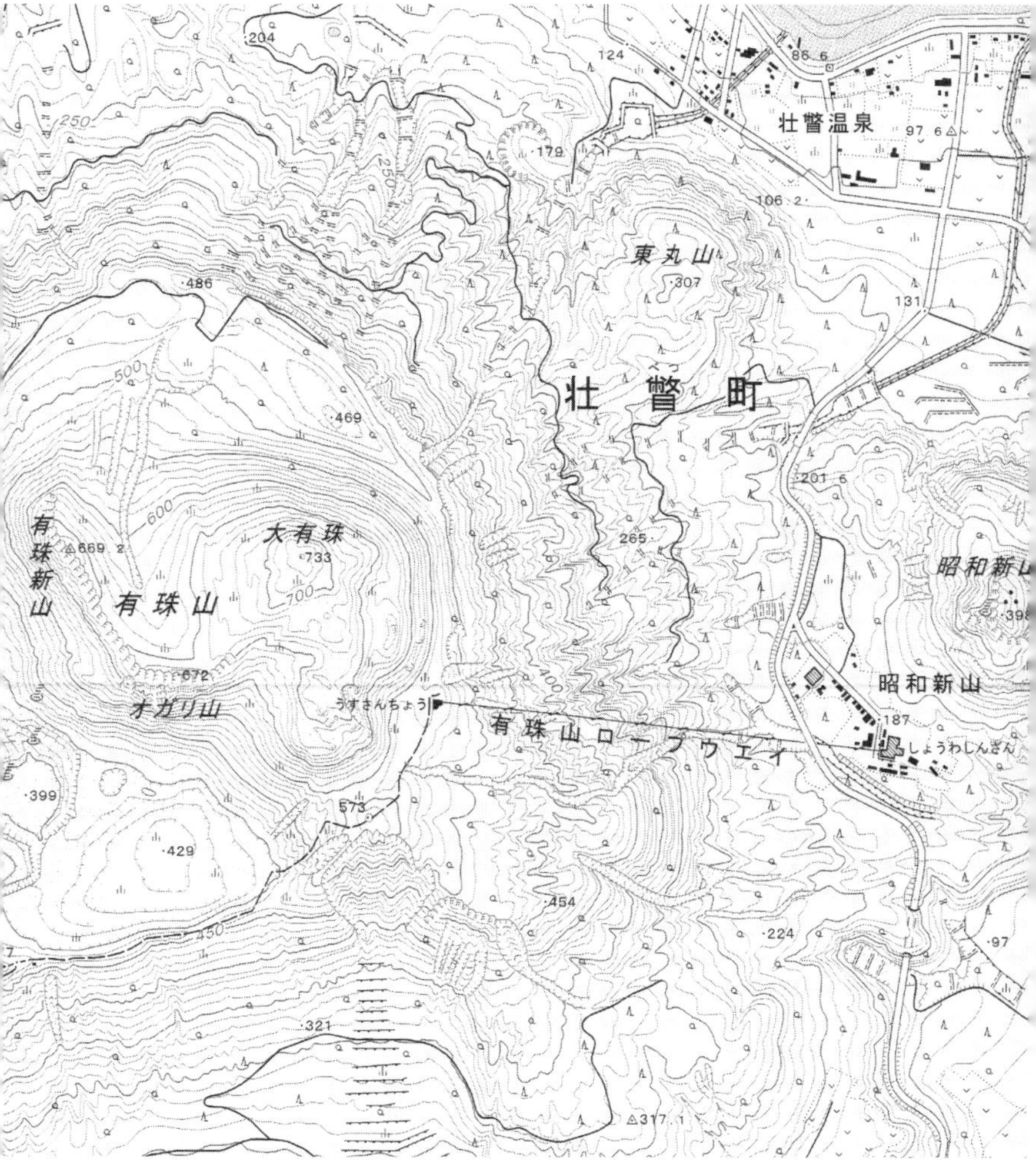

等高線が山頂付近の複雑な地形を描き出している。ロープウェイの東端欄外にあるのは昭和新山。1:25,000「洞爺湖温泉」平成20年更新

の記号」が用いられている。

等高線の間隔は縮尺、また国によって異なるが、日本の二万五千分の一地形図では一〇メートルだ。ただし緩傾斜地では等高線間隔が開きすぎて細かい起伏が読み取れないので、五メートルまたは二・五メートル間隔の補助曲線（破線）が描かれる場合もある。また、同じ等高線が何本も重なっていると読み取りにくいので、日本の二万五千分の一では五〇メートルごとに「計曲線」という太い等高線が入っており、またこの曲線には50、100、150という具合に適宜数字が印刷されているので、これが各所の標高を読む手がかりになる。ちなみに低地が大半を占めるオランダの二万五千分の一地形図では五メートル（大半に補助曲線が入っているので実質的には二・五メートル）と狭く、逆に同じ縮尺でもスイスのアルプス地方では二〇メートルと日本より広い（ジュラ山脈や平地では一〇メートル）などお国柄も表われている。

地図に印刷された等高線が実際にどのような地形であるか、慣れれば読み取れるようになるものだが、初心者はわかりやすい例でその実際の形との対応関係を見ておくといい。たとえば富士山型の山は頂に向けて徐々に傾斜が急になる円錐形なので、等高線は同心円に近く、中心（＝山頂）に近いほど等高線間隔が狭い。これに対しててっぺんが丸みを帯びた山では逆に山頂に近いほど等高線間隔が開いてくる。

前頁の図は北海道の有珠山《うすざん》である。等高線は富士山型よりはるかに複雑で、どんな形なのか慣れた人でなければ把握するのは難しい。それでも標高や計曲線の数値で大まかな見当を付けながら丁寧に見ていけば、徐々に頭の中に山の形が浮かんでくるかもしれない。ここで最も高いのは大有珠（七三三メートル）で、てっぺんは比較的緩傾斜。オガリ山や有珠新山（六六九・二メートルの三角点がある）の南・西側斜面は切り立った崖だ。その西側には小有珠（五五七メートル・範囲外）が低いピークを成している。オガリ山の南側にはトゲのついた等高線が這っているが、これは「凹地等高線」で、通常なら線を重ねて高くなるところが、この線の内側は徐々に低くなっている。ここに記された四二九メートルの標高点は窪地の最低地点を示しており、その西側の三九九メートル地点を取り囲む太い凹地等高線（計曲線）は四〇〇メートル、その外側が四一〇メートルである。湯気の出ているような記号は「噴火口・噴気口」で、実際に常時噴煙などが上がっていることを示しており、その周囲に植生の記号がないことからも、二〇世紀以来だけでも四回も大噴火している活発な火山であることが実感できる。図の右端に見えるのは、その名の通り昭和一八年（一九四三）から翌一九年にかけて畑が急速に隆起して誕生した昭和新山。図には二つの「昭和新山」の文字が見えるが、上が山名（斜体）、下が字《あざ》名である。

昔の建物記号あれこれ

日本の地形図には「お役所の記号」が多い。二五年前の平成六年（一九九四）に私が最初に

『地図の遊び方』という本を上梓した時にこう指摘したのだが、当時の私は外国の地形図（欧米に偏ってはいるが）を次々と個人輸入しており、それらの地形図に建物関係の記号がそれほど多くないことに文化の違いを感じたものである。思えば明治維新以来、官主導で近代化を進めてきた日本の地図に役所の記号が多いのは必然なのかもしれないが、当然ながらお役所の姿も明治から現在までの約一五〇年で大きく変わっており、記号もそれらと運命を共にした。

左の図は昭和初期の一万分の一地形図の凡例（符号）である。「大正六年図式」という戦前期を代表する図式であるが、記号の数は現在の二万五千分の一地形図（または地理院地図）のざっと倍はあったというから、今では使われてないものも多い。上の方から見ていくと、まず右段の神祠と仏宇は、用語は違えど現役（神社と寺院）で、その次の西教堂（キリスト教会）は昭和三〇年地形図図式で廃止されている（昭和四〇年特定図式で一時復活したが）。キリスト教会は各地に多く分布しているが、日本におけるキリスト教徒の割合は意外に少なく、国民の約一パーセントだそうだから無理もないだろうか。

内国公署と外国公署のうち内国公署は今では「官公署」の名で存続している。これは市役所や裁判所、税務署など特定の記号のない役所に付ける記号で、国や都道府県の合同庁舎や国の出先機関などが該当する。このうち各地の法務局やハローワーク（公共職業安定所）などが目立つ印象だ。外国公署は大使館や領事館などがこれに該当したが、現在は用いられていない。現在更新が行われていない一万分の一地形図では大使館などが注記で表示（記号はなし）され

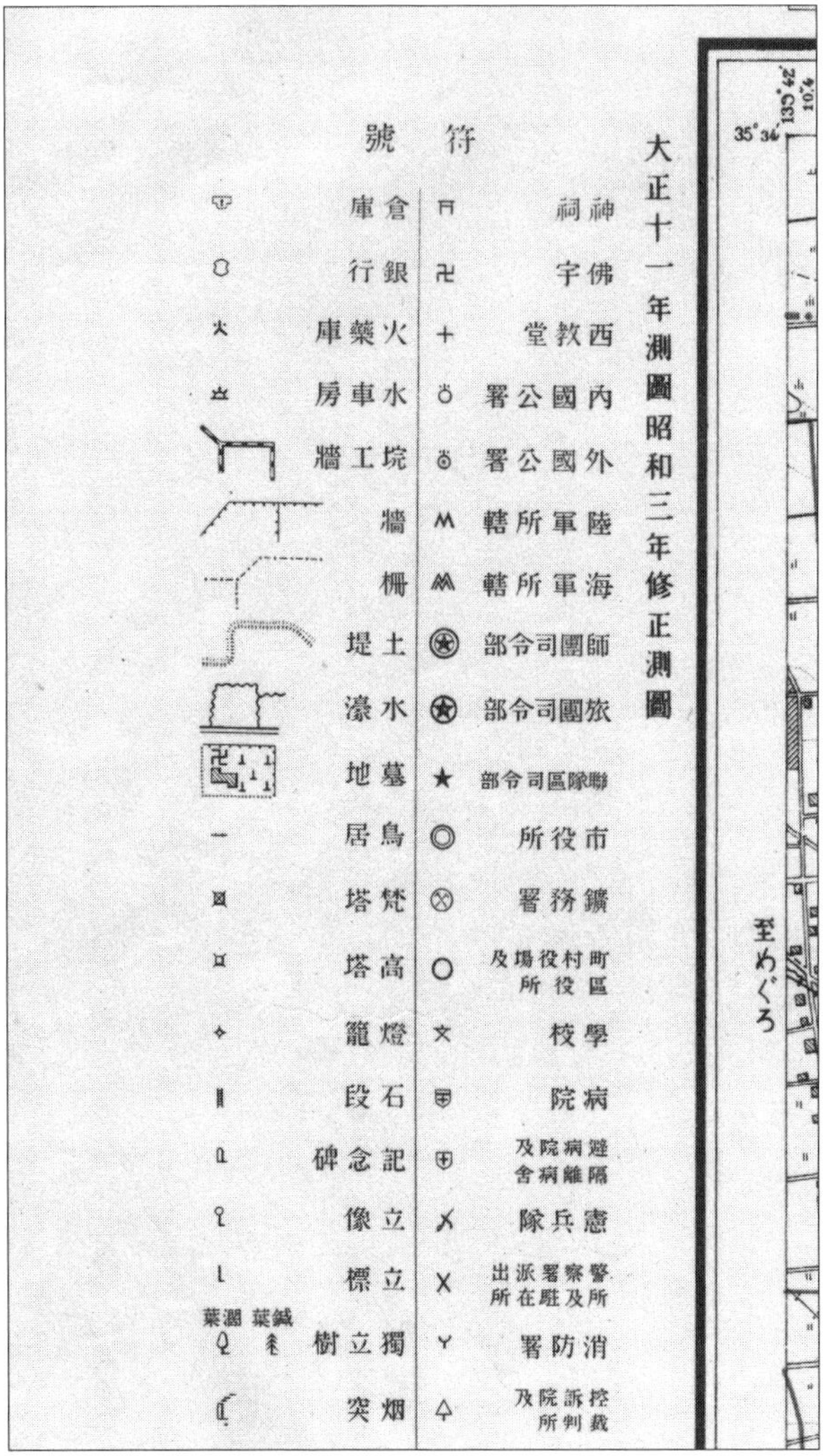

大正６年
地形図図式の記号（一部）

ていた。

その下の陸軍所轄、海軍所轄は組み合わせ記号で、病院記号に前者が添えられていれば「陸軍病院」、後者に倉庫の記号なら「海軍倉庫」という具合に用いられた。ただし病院は二種類に分かれており、現在の記号だと「避病院及隔離病舎」の意味となり、一般病院は上端が二重線であった。これは現在交番・駐在所の意味をもつ×印が当時は「警察署派出所及駐在所」と警察署も含んでいた。いずれにせよ旧版地形図を読む際には注意が必要である。

左段には廃止された記号が多いが、当時の塀や柵の関係は三種類あり、上からコンクリートや煉瓦の塀、板などの塀、柵の順である。大正六年図式の前の明治四二年図式には、これに加えてさらに築地塀《ついじ》、竹垣、鉄柵、木柵、埒《らち》（牧場などの柵）、生垣、累石囲《るいせきい》（目地《めじ》を漆喰等で固めない石積みの囲い）という具合に細かく定められており、おそるべき時間をかけて現地調査をしていたことがわかる。世の中がめまぐるしく動く時代になるに連れて不向きな表現として退場していったが、まるで現在のストリートビュー（グーグル）のように都市景観を活写した点で実に貴重な記録となった。

寺社の境内地によくある記号も充実しており、鳥居（神社とは別の記号）、燈籠、梵塔（五重塔など）などがあった。また記念碑とは別に立像の記号もあり（現在両者は記念碑に統合）、とりわけ一万分の一などの大きな縮尺では、鳥居を入った道が石段を上り、燈籠記号がびっしり並べられた境内に入る様子が描かれており、昔の風景を彷彿とさせる。これら旧版地形図の記号は『地図記号のうつりかわり』（日本地図センター刊・平成六年）が詳しい。残念ながら絶版だが、図書館などで参照してほしい。

農地の地図記号

田んぼの記号は小中学校で習うので知名度が高いが、水稲だけでなくワサビ田やイグサ、レンコンを栽培している所もこの記号がカバーしていることはあまり知られていない。逆に作物が稲であっても「陸稲《おかぼ》」は畑の記号だ。さらに、リンゴやミカン、ブドウなどの作物は果樹園の記号で表現するが、パイナップル畑は畑の記号である。要するに「何を作っているか」ではなく、どんな形状または景観であるかに重点を置いているのが地図記号である。これは、明治の昔に陸軍の組織が地形図作成を担当したために、植物や作物がどのくらいの高さで存在し、従って見通しが利くかどうか、そこを歩兵が通過できるかどうか、という視点の名残があるからだ。

日本の稲作は縄文時代からすでに始まっている。今では「米どころ」といえば新潟県や東北、北海道の平野に広大な田んぼが整然たる区画で整備された風景を思い起こすけれど、古くは谷戸《やとだ》田のように谷間の湧水を利用して作るものが主流だったという。なぜなら広い平地に水田を整備するためには、大きな川から広範囲を潤すための水路整備に大規模な土木工事が必要だからで、関東平野や越後（新潟）平野などの沖積地は、沼や湿原の広がる状態が近世の半ばまで続いていた。

今では平地の圃場整備された碁盤目状の農地が、特に水田は多くを占めるが、昔ながらの棚田も、耕作放棄地は増えたものの各地に残っており、これが観光名所になったりもしている。両者の違いは地形図でも明らかだ。一枚の田んぼは必ず水平なので、圃場整備された地区では等高線が直角に走っているが、整備されていない棚田では、元の地形に忠実な等高線が自然なラインを描くので区別できる。「田毎《たごと》の月」で知られる長野県千曲市姨捨《おばすて》の千枚田はまさにその典型だ（左の上図）。

棚田とともに古くからの形態である谷戸田も、大都市圏近郊のたとえば多摩丘陵などでは宅地開発で失われたものが多いが、都市化がまだ及ばない地域を探せば、細長い谷間に等高線が包み込んだ田んぼ記号が、点々と奥まで続くところもまだ健在である。ただし、植生の調査はけっこう手間がかかるためタイムラグが長いものもあって、これは棚田も共通だが、実際に行ってみると休耕田が雑草に覆われていることも珍しくない。

畑は作物によって適した地質はさまざまであるが、当然ながら水田より乾いた水はけの良い土地が多く、台地や扇状地などに記号が広がっており、崖下の沖積地の田んぼ記号と対照的なので、慣れてくると風景が立体的に見えてくる。ちなみにこの記号（∨）は「昭和四〇年地形図図式」で初めて登場したもので、それ以前の地形図には記号がなかった。要するに以前の

長野県千曲市姨捨の「田毎の月」で知られる棚田。1:25,000「稲荷山」平成13年修正

北海道東部、中標津（なかしべつ）町の市街北方に広がる牧草地。針葉樹林記号が連続しているのが防風林を示す。1:50,000「中標津」平成２年要部修正

「白い部分」は畑と空き地の区別をしていなかったので、旧図を見る際には要注意である。（∨）の記号は「畑または牧草地」で、牧草地も同じ記号なので、タマネギ畑などと区別はつかないが、畑のない道東の地形図なら、どこまでも緩やかな起伏が広がる土地と一直線の区画をもつ道路の対比が印象的なところにこの記号が整然と並んでいて、独特な「地図景観」を見せてくれる（前頁の下図）。根釧《こんせん》台地などではその道路に沿って計画的に残された防風林が濃いグリーンベルトを成していて、これをグーグルアースや空中写真で見ると、濃緑のメッシュが入った風景がとても印象的だ。

緯度・経度と地形図の関係

住所を表わすには「東京都千代田区丸の内一丁目……」のように地名の階層を順次並べるのが普通だが、地球上の絶対的な位置の表記方法が緯度と経度の組み合わせである。年を追うごとに広い分野にＧＰＳが浸透している現在では、ユーザーが意識するかどうかにかかわらず、事実上これが世の中の位置情報を支配している。たとえば東京駅丸の内中央口なら北緯三五度四〇分五四秒、東経一三九度四五分五七秒（秒以下は省略）という具合だ。

経という字は織物における縦糸、緯は横糸を意味するが、経線と緯線は人間が地球上に張り巡らした「仮想織物」の糸である。ついでながら経線は北（子《ね》の方角）と南（午《うま》の方角）

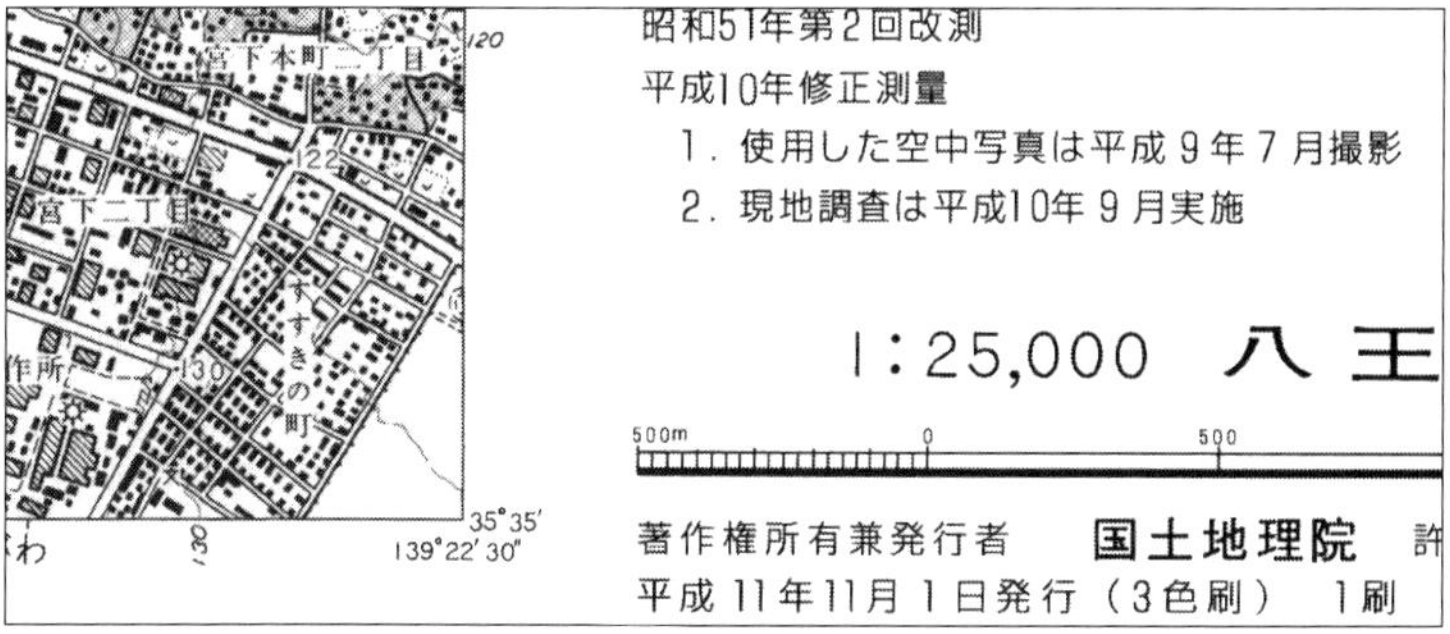

図の右下隅に記された緯度（35° 35′）と経度（139° 22′ 30″）の表記。
1:25,000「八王子」平成10年修正（11年発行）。当時は「日本測地系」なので現在とは数値が異なる。

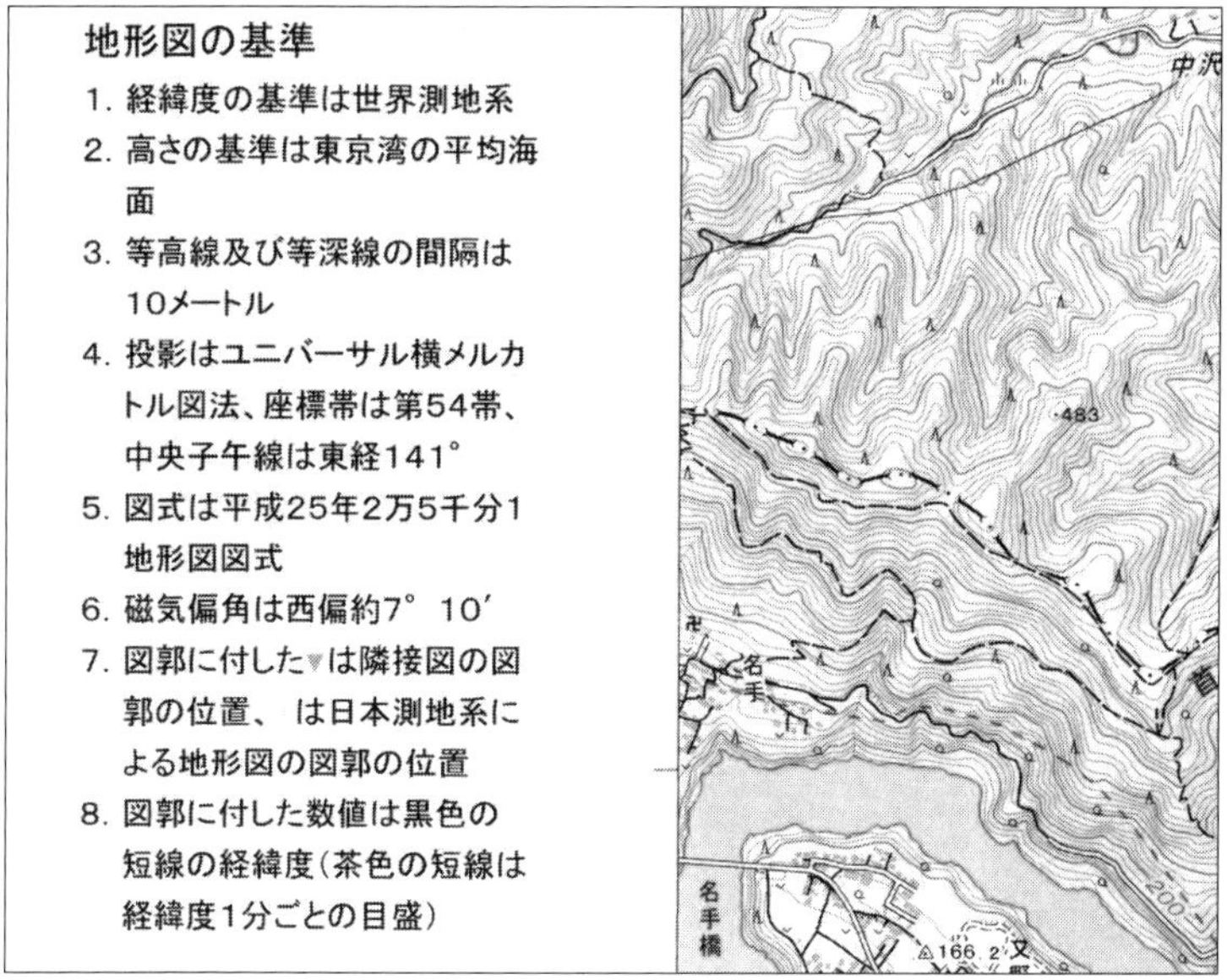

ユニバーサル横メルカトル図法と中央子午線を示す表記。
1:25,000「八王子」平成26年調製

を結ぶ線であることから「子午線」とも呼ばれている。

縦と横などと表現するとつい碁盤目を連想してしまうが、地球は文字どおり球形（厳密には南北に少しつぶれた楕円球体）であるからそれとは本質的に異なっており、経線はすべて北極点と南極点を結んでいるのに対して、緯線は赤道（地軸と直交する大円）と平行しており、北極や南極方面から見ればいくつもの同心円となる。球体を平面上に表わすのが地図の仕事だが、縮尺が小さくなるほど無理が大きくなるのが人類の長年の悩みの種だった。

よく知られているのがメルカトル図法で、これは図上のいかなる場所からでも正角、つまり羅針盤をどちらに向ければ目的地に正しく到着できるかという要請に応えて開発された図法なので、そもそも面積は問題視していない。出発地から目的地までを直線で結び、その方角を保って船を動かせば必ず到着するのは実に重宝だが、必ずしも最短距離ではなく（最短距離と一致するのは経線上または赤道上を移動する場合のみ）、目的地が遠ければ遠いほど無駄な遠回りを強いられてしまう。たとえば東京からロンドンへ向かう場合、メルカトル図法では西北西より少し西へ向かうのに対して、地球儀にゴムひもを張って最短距離を求めれば実際の飛行機のルートと同様に北北西を向くので一目瞭然だ。

メルカトル図法の投影法は、赤道でぴったり接するような筒で地球を南北方向に覆い、その筒に投影したものを開いた図、というイメージが理解しやすいが（実際には正角となるよう計算で作図している）、どうしても高緯度地方が極端に大きく表わされるため、「不正確」のレッテルを貼られてしまった。しかし赤道に近いエリアは正確なので、その長所だけを採用したのが「ユニバーサル横メルカトル図法」である。

これは前述したメルカトルの筒を横に向けたもので、筒が接しているのは赤道ではなく経線。ここで接する経線を中央経線（中央子午線）と称するが、二万五千分の一などの地形図ではこの線を中心に東西それぞれ三度の範囲をひとまとまりの平面として表現するもので、たとえば東京なら中央経線は東経一四一度、大阪は一三五度（日本標準時子午線と同じ―明石を通る）としている。このように地域によって中央子午線を自在に変える方式のため「ユニバーサル」の言葉が冠された。

国土地理院発行の二万五千分の一地形図は、一枚あたり東西七分三〇秒、南北五分の範囲を表現しており、日本全国を四四二〇面（令和元年八月現在）で覆っている。かつては経緯度できちんと区切っていたのでカッターで図の縁を切って繋げればぴったりと貼り合わせられたが、最近は隣接図との間にそれぞれ重複部分を設けているので、境界付近は見やすくなった半面、貼り合わせは難しくなった。

「地理院地図」を楽しむ

明治二一年（一八八八）に設立された陸軍陸地測量部をルーツとする国土地理院は、継続して日本の基本図を作り続けてきた。これまで全国にわたって定期的に作製された測量成果である地形図類は、近現代の日本の姿を精密に記した実に貴重なアーカイブである。ところが昨今では紙媒体の衰退と軌を一にするようにして紙の地形図を利用する人が激減しており、地図もスマートフォンやパソコンで見る人が大半だろう。

国土地理院の地形図も、今はインターネットの「地理院地図」で簡単に閲覧できるようになった。長らく紙の地形図に親しんできた人には表現方法の違いに戸惑うかもしれないが、これは慣れるしかない。利用法については国土地理院のホームページで説明があるが、使ってみれば簡単だ。

まず「地理院地図」と検索して日本列島の画面が出てきたら、上部にある検索窓に閲覧したい地域の地名を入れてみよう。たとえば「宗谷岬」と入れてエンターキーを押せばたちどころに日本最北端の地へ飛んでいく。以前なら書店で多数の引き出しから目当ての地形図名を探し、その一枚からさらに目的地を探していく作業が必要だったが、これが瞬時になった。尖閣諸島の魚釣島でも東京の有楽町も同じである。

検索で出てくる地図は二万五千分の一の縮尺に相当するもので、縮尺の大小はマウスホイールで調整できる（画面左下の＋－で操作も可）。「相当する」という曖昧な表現しかできないのは、パソコンやスマートフォンのディスプレイの大きさがそれぞれ異なるからで、実際の縮尺は左下のモノサシで見当をつけるしかない。正確を期すため、もう少しこのスケールバーが長

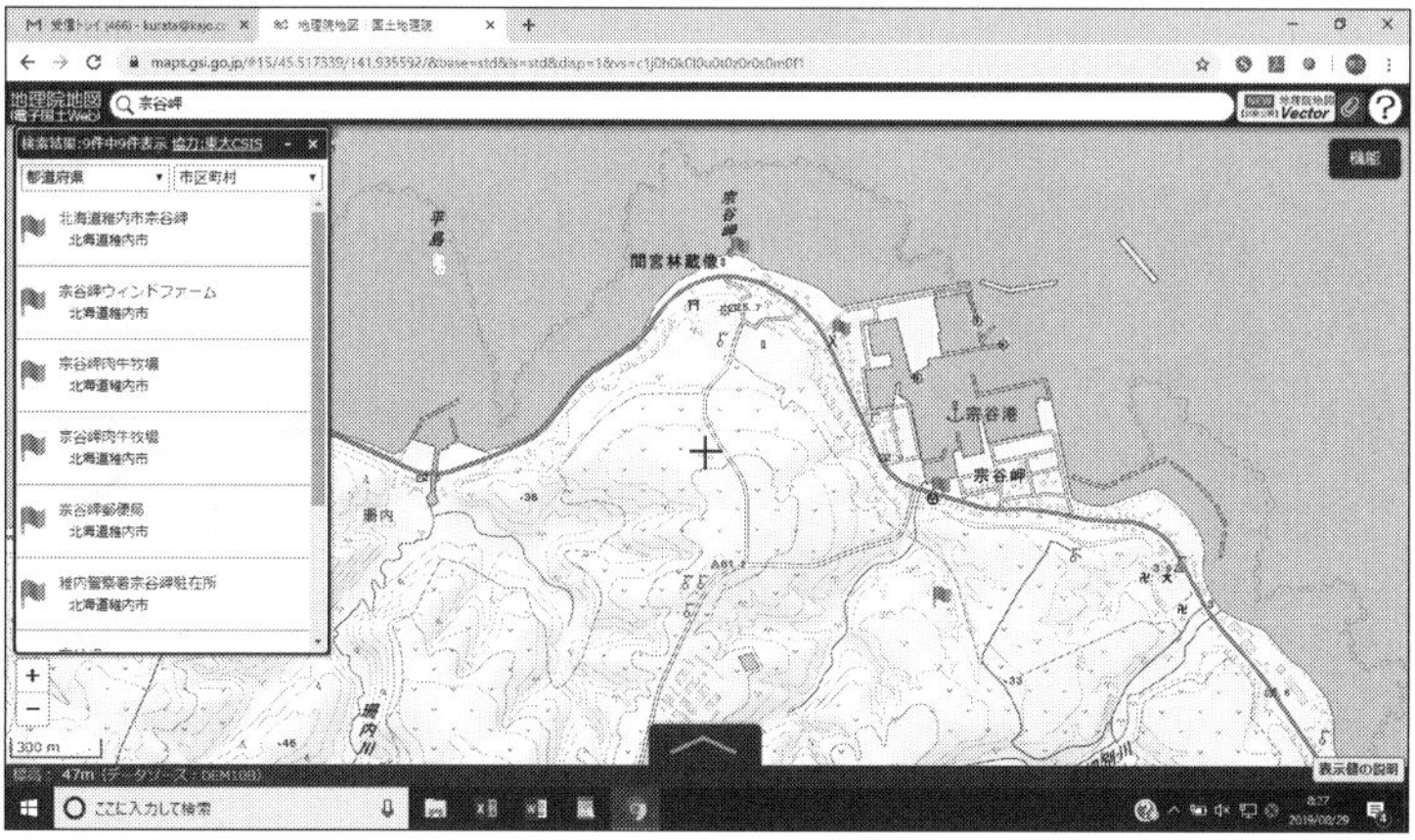

地理院地図で「宗谷岬」を検索した画面。「宗谷岬」を含む全地点が表示され、選択すればそれぞれの場所に飛べる（令和元年９月２日ダウンロード）。

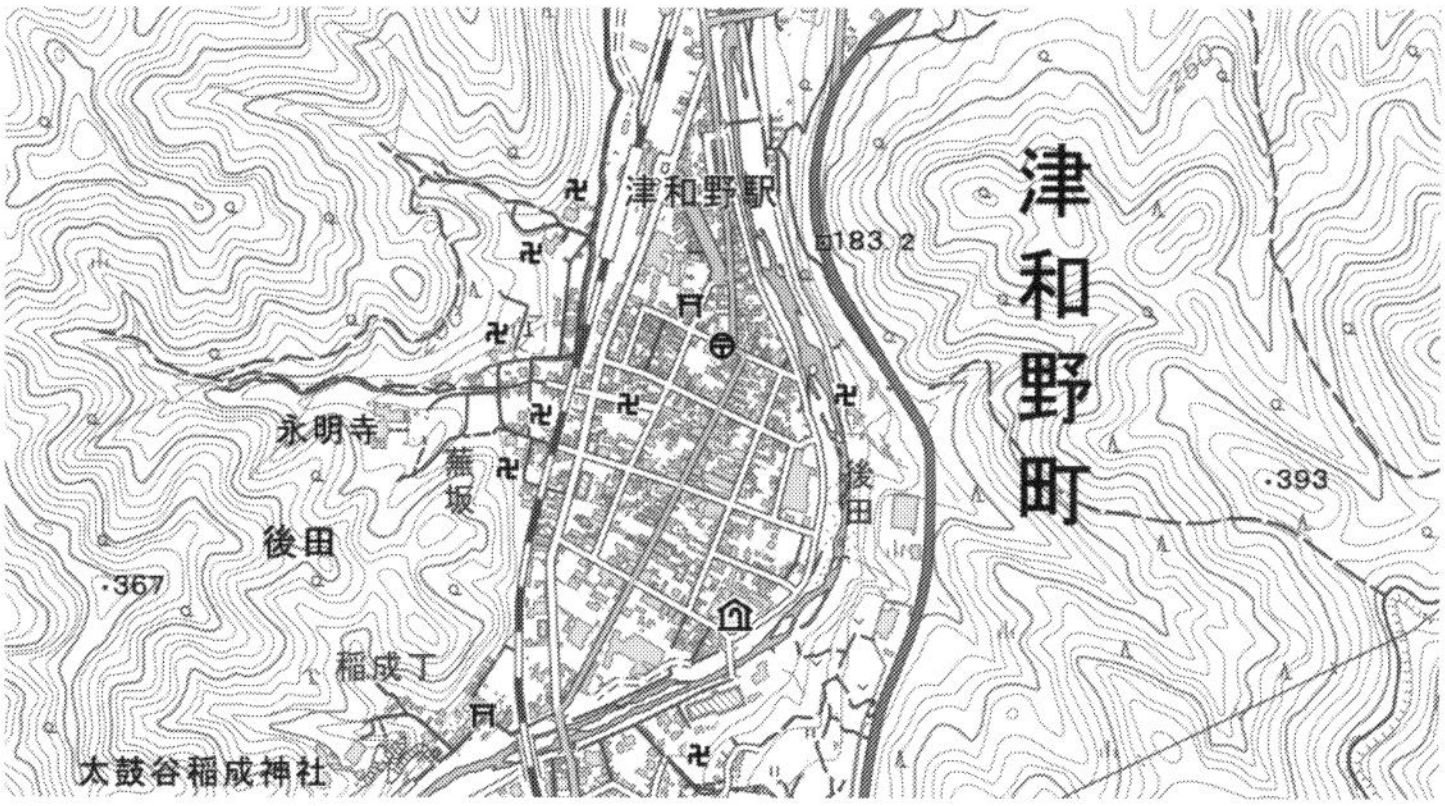

地理院地図で見た島根県津和野町（平成 30 年８月 17 日ダウンロード）。地理院地図は随時更新しているので、日付とともに保存することが重要。

いと助かるのだが。

右上の「機能」は充実していて、「ツール」の中の「計測」では距離と面積が測れる。たとえば東京駅を探してクリック、富士山まで図を移動して距離を測ると、東京駅から火口の東の縁がちょうど一〇〇キロであることがわかるし、図上の道を曲がり角ごとにクリックを繰り返してたどれば自宅から駅までの正確な距離も測れる。あまり知られていない湖や野球場などの面積も、どんなものでも周囲をなぞれば簡単にわかるのは嬉しい。

土地の高さは任意の地点を右クリックすれば標高が画面左下に一〇センチ単位まで出てくる。「断面図」モードにすれば二点間でも登山道沿いでも土地の高低差がすぐにグラフで表示されるのでアップダウンの様子を把握できて便利だ。「3D」はその通り立体的に見える機能で、角度を変えればそれぞれ異なる視点からの眺めも楽しめる。外を歩くなら予定コースの範囲を設定して印刷すればいいし、小さい字が苦手な人は大きく拡大しよう（縮尺を＋）。ただし野外へ持ち出す場合、プリンターの印字が雨に濡れて判読不能になるのは要注意だが。

もうひとつ、同じ縮尺に見えても図法（Ｗｅｂメルカトル図法）の都合上、紙の地形図と違って北へ行くほど縮尺が大きくなる（同じ画面に表示される面積が小さくなる）ことは知っておいた方がいい。ちなみに北海道稚内市と沖縄県那覇市では距離で約二六パーセントもの違いがあるので無視できない。

地理院地図の「遊び方」はそれぞれの趣味に応じていくらでも可能だ。たとえば地名が好きなら、自分の名字と同じ地名を探して、それが全国にどのように分布しているかがわかるし（検索対象の地名等が青旗で表示される）、ある特定の地名がどのような共通の地形条件で発生するかといった研究も格段にスピードアップされるだろう。

山と谷の地形を楽しむ

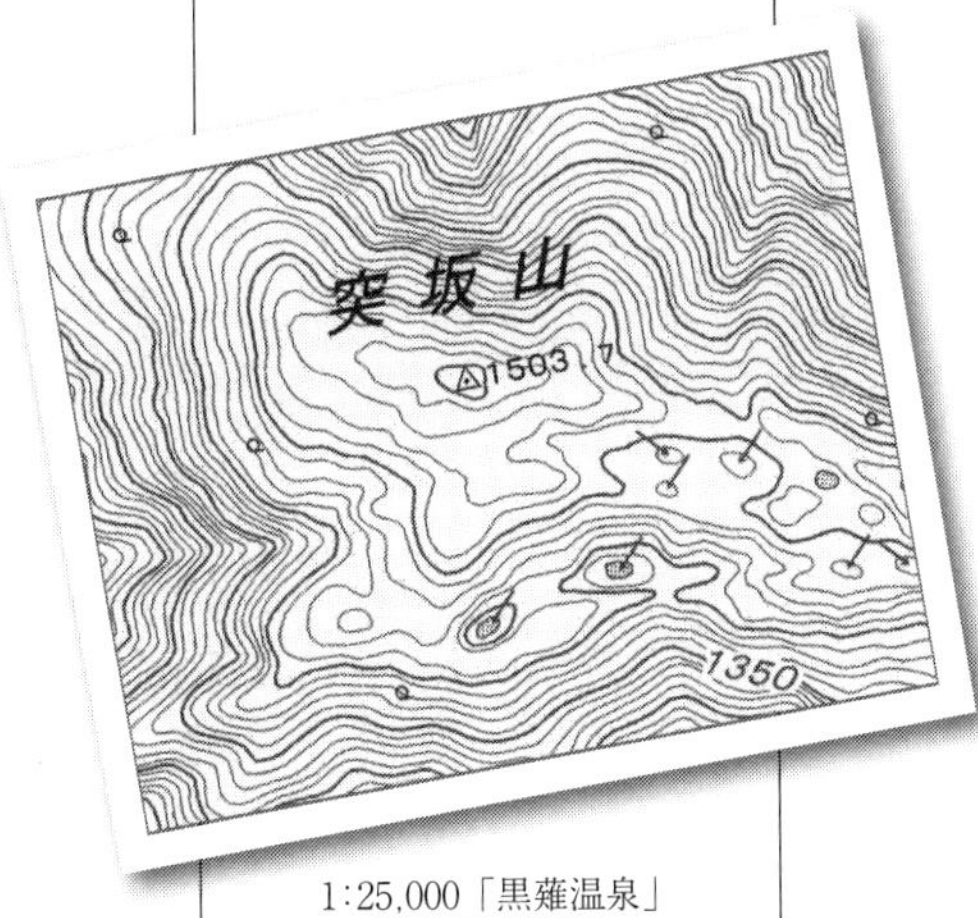

1:25,000「黒薙温泉」
平成23年更新

図上で崖を味わう

等高線は、読んで字の如く等しい高さを結ぶ線であるから、建前から言えば必ずひと回りして元の場所に戻ってくるはずだ。ところが実際の地形図を改めて観察してみると、意外に早く途切れてしまう。その原因の多くは「崖」の存在である。もちろん崖に等高線を無理に描いてもいいのだが、線と線の間が短すぎて団子状になってしまう。それなら一目見て崖とわかる記号にした方がいいし、実際に岩や土がむき出しで植生のない場所が多いため、昔から専用の記号が用いられてきた。現在の国土地理院の地形図の図式規定では「土がけ」と「岩がけ」の二種類が定められており、次のように規定している。

土がけとは、土砂の崩壊等によってできた急斜面、盛土及び切取部の人工的に作られた急斜面をいい、原則として高さ三メートル、長さ七五メートル以上のものに適用する。

岩がけとは、岩でできた急斜面をいい、原則として高さ三メートル以上かつ長さ七五m以上のものに適用する。

このうち「土がけ」の記号は自然にできたものの他に盛土（築堤）や切取部（切り通し）にも用いられているのが特徴だが、どちらかは図上で一目瞭然だ。それはともかく、この規定では斜度がどのくらい以上が崖という扱いになるのか明記されていないから、現場の状況に応じ

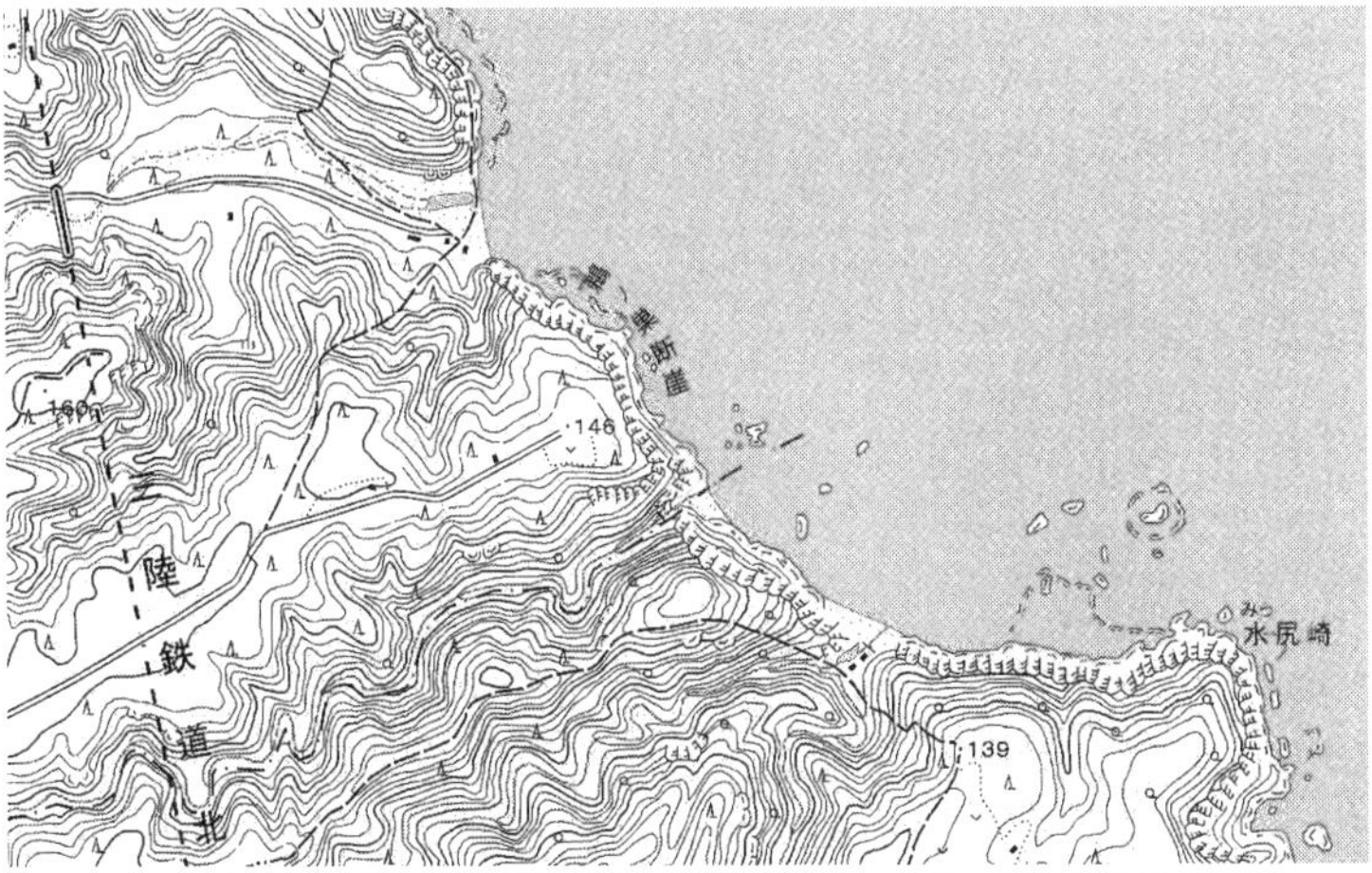

岩手県北部の陸中海岸の景勝地・鵜ノ巣断崖。150 メートル近い海食崖が続く。
1:25,000「小本」平成 18 年更新

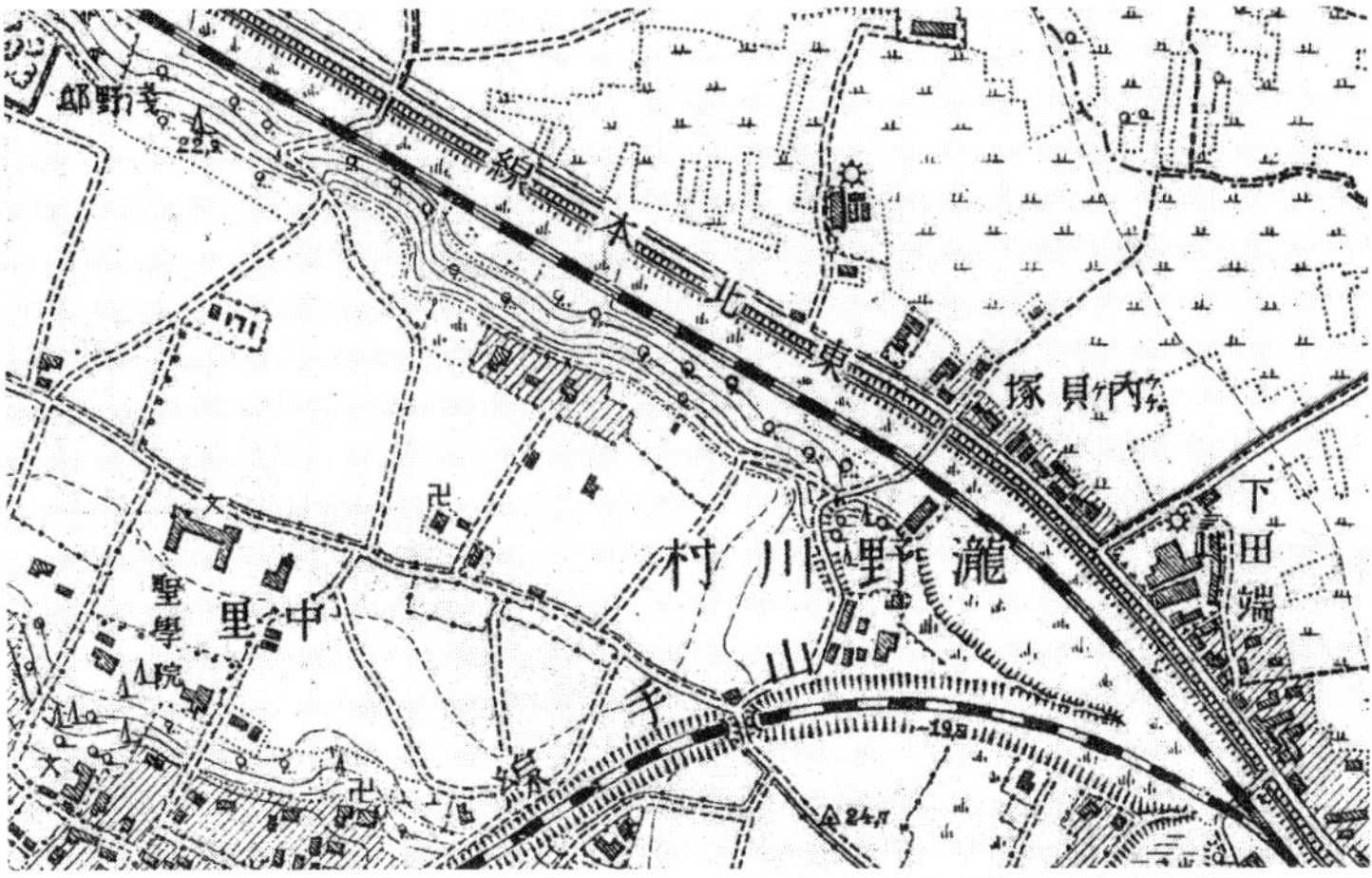

100 年以上前の東京・田端付近。密集した等高線が縄文海進期の海食崖を物語る。
1:10,000「三河島」明治 42 年測図

て適宜判断するのだろう。ちなみに二万五千分の一地形図（等高線間隔一〇メートル）では等高線間隔が〇・四ミリ（水平距離一〇メートル）の時にちょうど四五度である。

前頁の上図は岩手県北部の陸中海岸（田野畑村）にある鵜《う》ノ巣断崖という景勝地だ。その名の通りウミウとカワウの巣があることから名付けられたという。

ここの崖がどのくらいの高さであるかは地形図で読める。屏風のように立てて描かれた「岩がけ記号」に接する等高線が最高何メートルあるかを読めばいいのだ。断崖の北側で海に注ぐ河口付近が破線の川（平常時は表流水がない）の方から見れば、太い計曲線（五〇メートル間隔）が二本に加えて四本目の細い主曲線が最高だから標高一四〇メートル以上、そして崖に接していない破線の等高線（五メートル間隔の補助曲線）が一四五メートルだから、ざっと見て一四三メートル程度だろう。

この付近にはふつうの表情をした地形が突然断ち切られたように崖になっていることから、典型的な海食崖であることがわかる。海食崖とは長年の荒波によって削られ、少しずつ岩が剥がれて海中に落ちた結果形成されるもので、何万年も前はずっと沖合まで陸地が続いていたはずだ。この一帯は、かつて海底であった平坦地が隆起してできた海成段丘（海岸段丘）の代表例として知られている。

前頁の下図は内陸の崖である。しかも東京の王子と田端の間。今は市街地のまん中だが、図は一〇〇年以上も昔の明治四二年（一九〇九）で、先ほどの断崖のようには崖記号が用いられていないが、明らかに集中した等高線が帯状に続いていることから、崖の地形が長く続いていることがわかる。その崖下に敷かれたのが東北本線（現京浜東北線が走る線路）だ。

崖上には畑（記号がないのは畑または空地）、崖下には田んぼが目立つが、この田んぼのある一帯は、現在よりかなり温暖であった六〇〇〇年ほど前の「縄文海進期」には海であった。要するにその時代に波の力で台地が削られて後退したのがこの崖である。当時の波打ち際を証言しているのが、線路際に見える内ヶ貝塚という地名だ（現在は存在しない）。まさに「縄文東京人」の暮らした舞台である。

等高線では読めない微高地

徳島県の脇町《わきまち》といえば「卯建《うだつ》の上がる街」で知られている。平成の大合併を経て今では美馬《みま》市の一部となった。卯建は元は隣家との間の小さな防火壁だったのが、次第に装飾を凝らして大型化し、「富の象徴」と見られるようになったことから、商売がうまくいかない人を指す「ウダツの上がらない男」といった表現が生じたという。

吉野川に沿った平地は江戸期の蜂須賀《はちすか》藩の頃から藍の生産が奨励され、明治三〇年代に化学染料が普及するまで、脇町はその集散地として繁栄を極めた。このため卯建のある立派な木造建築が多く残ることから伝統的建造物群保存地区（いわゆる伝建地区）に指定されており、観光客の姿も目立つ。

四国三郎の異名を取る吉野川は昔からしばしば氾濫を繰り返す「暴れ川」で知られたが、その際に上流からもたらされる豊富な養分が藍の生育に都合が良かった。あえて堤防を作らせなかったという話も聞くが、今のような立派な連続堤防を築けなかった事情もあるだろう。そのため流域の低地は氾濫を前提とする村作りが行われており、実際に現地を歩くとそれがよくわかる。

筆者はかつてこの脇町から対岸の舞中島《まいなかじま》地区まで歩いてみた。脇町の旧市街から対岸へ渡る橋は脇町潜水橋《せんすいきょう》で、文字通り増水で沈むことを前提としているため、ガードレールが付いていない。歩いてもクルマでも、慣れないと渡るのが怖いが、豊富な流量の吉野川をすぐ間近に見られる。これはふつうの高い橋では味わえない感覚だ。

渡った南側はかつての吉野川の中洲で、過去に何度も氾濫を繰り返している。舞中島という地名はその名が示すように現在の河道と南側の旧河道（今では明連川）に囲まれたところで、地形図を見ればそれが容易に読み取れる。ここには長く続くと思われる旧家と戦後に建った比較的新しい家が混在しているが、古い家は高く土盛りされているところが目立つ。中でも蔵はさらに高くかさ上げされて水害対策に万全を期したようだ。家によっては古城の石垣を思わせる石積みをもつものもあり、さらに上流側（西側）は竹を密植して土壌の流失を防いでおり、かつての吉野川氾濫の威力を物語っている。ちなみに美馬市が作成したハザードマップを確認

「卯建の上がる町」として知られる脇町の旧市街（そのすぐ南側が脇町潜水橋）と、吉野川の旧中洲にあたる舞中島地区。1:50,000「脇町」昭和 63 年修正

してみると、吉野川が万一氾濫した場合のこの地区の浸水想定はおおむね二〜五メートルもあった。

前頁の図は五万分の一で、その等高線では二〜五メートルほどの微妙な凹凸は表現されていないが、国土地理院ホームページの「地理院地図」の図上で右クリックすれば標高が表示されるので細かい地形が読み取れる。これによれば、屋敷地の高いところの標高は四三・〇メートルほどなのに対して、田んぼの低いところでは四〇メートルほどとだいぶ違うことがわかる。

このような土地であるから、徳島と阿波池田を結ぶJR徳島線や国道一九二号（伊予街道）はこの旧中洲を避けて南側の山裾を迂回しており、その路盤は高い屋敷地よりさらに二〜四メートルほど高くして浸水を避けている。振り返って卯建の上がる脇町の旧市街の標高を「地理院地図」で調べてみると、なるほど四五〜五〇メートルほどとかなり高く安全で、しかも吉野川の本流にも近いので藍を運び出す船着場を設置するにも便利だったに違いない。川との標高差がここは崖のような段差となって表われているが、藍を扱う市街としては絶妙な場所の選び方であったことがわかる。

砂丘と砂洲、そして後背湿地

「スタバはないけど砂場はあるよ」と鳥取県がアピールして注目を集めた。その後平成二七年

（二〇一五）には実際にスターバックスがオープンしたが、それはともかく、砂場というにはあまりにも巨大な鳥取砂丘は、日本最大級の砂丘として古くから知られている。

成因は中国山地に源を発する千代川《せんだい》の上流域にある崩れやすい花崗岩質の山体が少しずつ削られ、それが長年にわたって運ばれて河口付近に堆積し、その砂を偏西風が内陸側へ吹き戻すことで形成された。風の働きで刻々と姿を変えていく砂丘の造形は地形図にも描かれており、特に戦前の地形図には、高度な職人技による手描きの無数の点で陰影が芸術的に表現されている。

山から運ばれて海岸に堆積する砂は、沿岸流がゆっくりな場合は三角洲を形成しながら徐々に海に張り出して海岸線を前進させていくが（海がある程度浅い場合）、沿岸流が強ければ砂は海岸線に沿って横に流され、細長い砂嘴《さし》（文字通りクチバシのように横に突き出した地形）や砂洲《さす》を形成する。ついでながら神奈川県の横浜という地名は湾に伸びた一本の砂嘴を形容したものとされ、その付け根にあった村の場所が今の元町だ。

砂嘴が伸びると砂洲《さす》となり、やがて湾を塞いで湖を形成するが、これが潟湖《せきこ》（ラグーン）である。海と繋がっていれば海水だが、繋がる口が小さくて塩分が薄ければ汽水《きすい》湖と呼ばれる。地震で地盤が上昇するなどして海と切り離されれば淡水湖と化していく。静岡県の浜名湖は歴史的に海と繋がったり切れたりを繰り返しており、明応七年（一四九八）の大地震と高潮によって砂洲が決壊してからは海と繋がり、現在は汽水湖となっている。

しかしその潟湖もそのまま永続することはなく、長い目で見ると川から供給される土砂によって内側から徐々に埋め立てられ、水面が減って湿地となる。これを後背湿地（後背低地）と呼ぶが、最初は軟弱地盤の芦原が広がる風景であったのが、近世以降は新田開発で人手が加えられて水田となった地域も多い。

日本の都市の大半が低地に広がっていることは周知の事実であるが、同じ低地といっても細かく見れば地盤はさまざまだ。かつての海岸沿いには前述したように浜に沿って砂丘と同類の砂堆《さたい》や浜堤《ひんてい》と呼ばれる小さな高まり（かつての砂洲も含む）があり、古くからの海沿いの集落はおおむねこの高まりの上に形成され、たいていまん中に街道が通っている。千葉県市川市内の千葉街道（国道一四号）とこれに沿って発達した集落はまさにこの典型だ。

大都市近郊での一般論を述べれば、砂堆の内側は後背湿地で長らく水田として使われてきたが、戦後の高度成長期で宅地化が進み、今となっては砂堆と一見して区別がつかないけれど、標高は明らかに低い。このため近くの河川が氾濫したらまっ先に水に浸かるのはこのエリアだ。地盤調査を個人でやるのは至難の技であるが、戦前の地形図と現在の地形図を比較してみれば、古くからの住宅地と新興住宅地ははっきり区別することができるはずだ。東日本大震災でも、これらの後背湿地や旧河道、湖沼を埋め立てた区域の液状化は顕著だった。家を買ってしまった後にそんなことを知らされるのは愉快ではないかもしれないが（筆者も河川の合流点近い沖積地に住んでいる）、今後どのように備えていくかの重要な指針が得られることは間違いない。

鳥取砂丘（浜坂砂丘）。戦前の地形図は手描きの点々が見事に砂丘の雰囲気を醸し出していた。1:50,000「鳥取北部」昭和７年修正

かつての東京湾沿いに形成された砂堆上を通る千葉街道（現国道 14 号）とこれに沿う古くからの集落。1:50,000「東京東北部」大正８年鉄道補入

峡谷を地形図で俯瞰する

峡谷といえば黒部を連想する人は多いだろう。それほど黒部峡谷は断崖絶壁が延々と続く文字通りのV字谷である。峡谷のまん中へ入れるのは登山者でもベテランに限られており、初心者や観光客が行くような場所ではない。それでも明るい花崗岩の断崖に紅葉や新緑が映える絶景は知られていて、一般人が気軽にアプローチできる手段として親しまれているのがトロッコ電車こと黒部峡谷鉄道だ。

列車が宇奈月の温泉街を出て峡谷の中を川沿いに南へたどるルートは全線ことごとく険しく、数多くのトンネルや落石覆い、それに目もくらむような高いアーチ橋を交えながら深い谷底を俯瞰し、また首が痛くなるほどの急斜面を仰いで終点・欅平《けやきだいら》までの二〇・一キロを一時間二〇分ほどかけてゆっくり進んでいく。

この鉄道は元はといえば大正一二年（一九二三）に日本電力が発電所を建設するための資材運搬用軌道として建設されたもので、一般旅客を扱う「地方鉄道」になったのは戦後である。暴れ川として知られる黒部川は古くから水力発電の適地として注目されてきたが、静岡県を流れる大井川も戦前から電源開発が積極的に行われたところで、やはりその上流部の深山幽谷をたどる大井川鐵道のトロッコ列車・井川線もかつては資材運搬軌道であった。

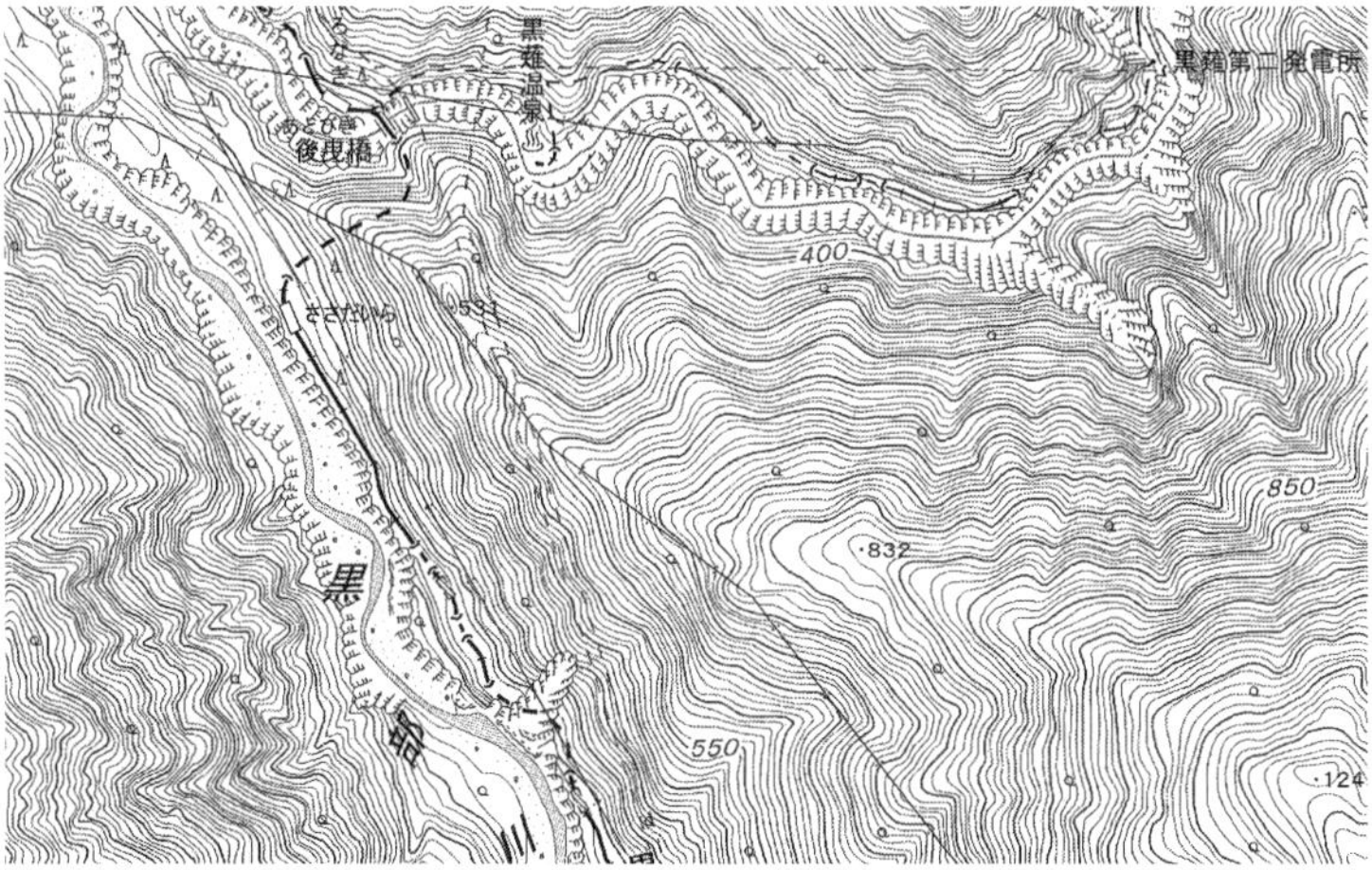

典型的なV字谷を刻む黒部川と、その断崖絶壁の中を進む黒部峡谷鉄道の線路。
1:25,000「黒薙温泉」平成23年更新

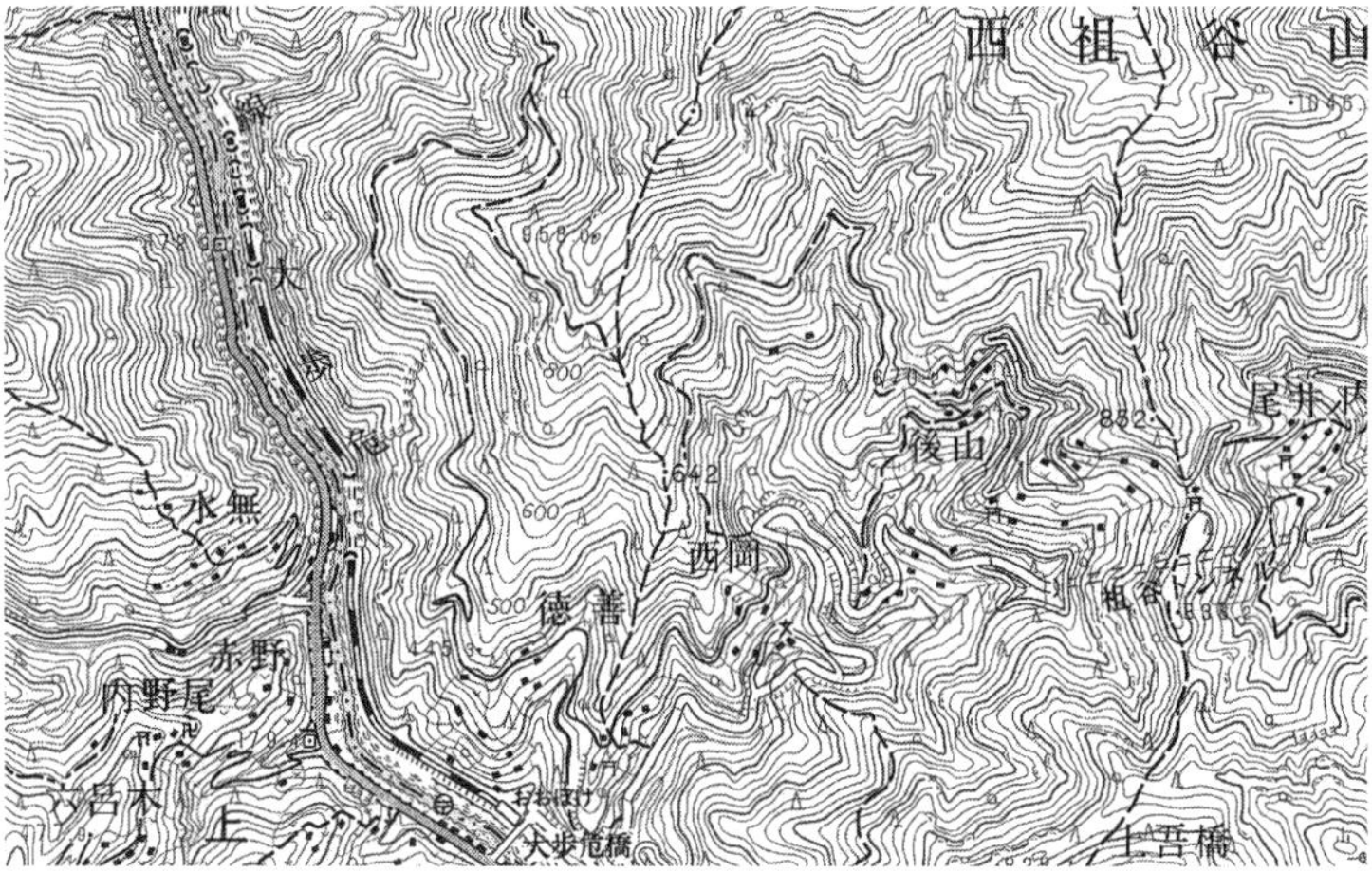

四国三郎の異名をとる吉野川が四国山地を断ち切る場所・大歩危付近。ここは
土讃線の車窓の見どころ。1:50,000「川口」平成14年要部修正

前頁の上図は黒部峡谷鉄道と黒部川の峡谷であるが、地形図には黒部川とその支流・黒薙《くろなぎ》川の両側に屏風のような崖の記号が延々と連なっており、川沿いに等高線はほとんど描かれていない。これは強大な水の力で黒部川がその河床を少しずつ下向きに削り、谷を深くし続けているからだ。何万年にも及ぶこの下刻《げこく》作用が典型的なV字谷を作ったのである。

等高線の描かれている斜面もきわめて急で、最も込み入ったところでは高さ五〇メートル間隔ごとに引かれた計曲線の間隔がわずか一ミリ。つまりその中に一〇メートル間隔の主曲線が四本も入っているのだ。二万五千分の一ということは図上一ミリが二五メートルだから、水平距離二五メートルに対して高さが五〇メートル、勾配でいえば二〇〇パーセント（角度なら六三・四度）と、まさに「梯子《はしご》並み」である。黒部川の右岸に見える直線的な破線はいずれも地下導水路で、上流側で取水した水を下流側まで緩やかな勾配のトンネルで送り、発電所の真上まで来たら一気に水圧管路で落としてタービンを回す仕組みだ。

前頁の下図は四国三郎の異名をとる吉野川で、昔から大歩危《おおぼけ》・小歩危《こぼけ》などの難所で知られてきた。谷をなす角度も黒部川に劣らず急峻で、土讃線の列車から車窓を見ればなかなかの迫力である。この川は東西に走る四国山地を断ち割るような形で南から北へ流れているのが特徴だ。このような川のことを自然地理学では「横谷《おうこく》」と呼んでいるが、別の名を「先行河川」と形容する。はるか昔に遡ってみると、まずはそれほど急峻な山地でなかった地面を吉野川が北へ流れていた。ユーラシアプレート上にある四国の下にもぐり込もうとするフィリピン海プレートが強烈な力で地面を褶曲《しゅうきょく》させつつ盛り上げたのが四国山地であるが、その盛り上がるスピードより地面を削る吉野川の流水の力が優ったため、結果的に山地を横切るような川になったのである。

今ある地形というのは、万年、億年単位で変動する地球のダイナミックな岩盤のせめぎ合いと、そこを果敢に削り取る水の力の合作だ。等高線はそんな地面のドラマを見事に描き出している。

河岸段丘を味わう

地震や洪水の被害が起きると、決まって「サンズイの付く地名は浸水しやすい」といったガセネタをメディアに流布する人たちが現われるので困る。地名はたしかに命名時の土地条件や地盤に関するヒントになることはあっても、ひとつの地名のカバーする範囲は長い時間を経て移動することも珍しくないし、その範囲が狭くなったり広くなったりする変化も激しいため、地名そのものを土地条件と結びつけるのは無理があり過ぎる。また日本の地名の特性として「当て字」が多くを占め、またそれぞれに例外もあるため、まともに地名を考えたことのある人なら、いい加減な説明はできないはずだ。

そのような「似非《えせ》科学者」たちに見てもらいたいのが、群馬県沼田市の地形である。彼らの標的にされるサンズイが付いている地名にもかかわらず、沼田市の旧市街は完全に段丘上の高台に位置している。この旧市街へは上越線の沼田駅を降りると目の前に聳《そび》えている急斜面の坂道を登らなければならない。駅の標高が三三三メートルであるのに対して、旧市街のまん中に位置する市役所ははるかに高い四一六メートルと、大きな高低差が存在するのである。その急坂の斜面が、利根川の東側に長く連なる河岸段丘だ。

そもそも川には地面を侵食する作用と土砂を堆積させる作用があり、これは河川の勾配や流量、それに周囲の地形などによって決まってくるのだが、氷期（氷河期）と間氷期《かんぴょうき》（比較的温暖な時期）が約八～一〇万年間隔で繰り返される間に標高一〇〇メートル単位の大きさで変動をもたらす海面の動きも影響が大きい。

つまり海面が高い時には川のある部分は下流部として土砂をもっぱら堆積させるのだが、徐々に寒冷化が進んで氷期に向かうに従って海面は大きく下がり、海岸線はずっと沖合に移動してしまう。そうなると長年かけて堆積された沖積地の土砂を、再び上流部のように急流に変貌した川が削っていく。

この川の変貌は海面変動だけでなく、たとえば地殻の変動で一帯の地盤が持ち上がったことによっても生じる。場合によっては地盤が斜めになることもあり、これによって川の流れ方が大きく変化することは、特に日本のようにプレートの境界に位置する地域では珍しくない。もちろん土砂の堆積は川の流れだけでなく、火山活動に起因する土石流や泥流によって起きるこ

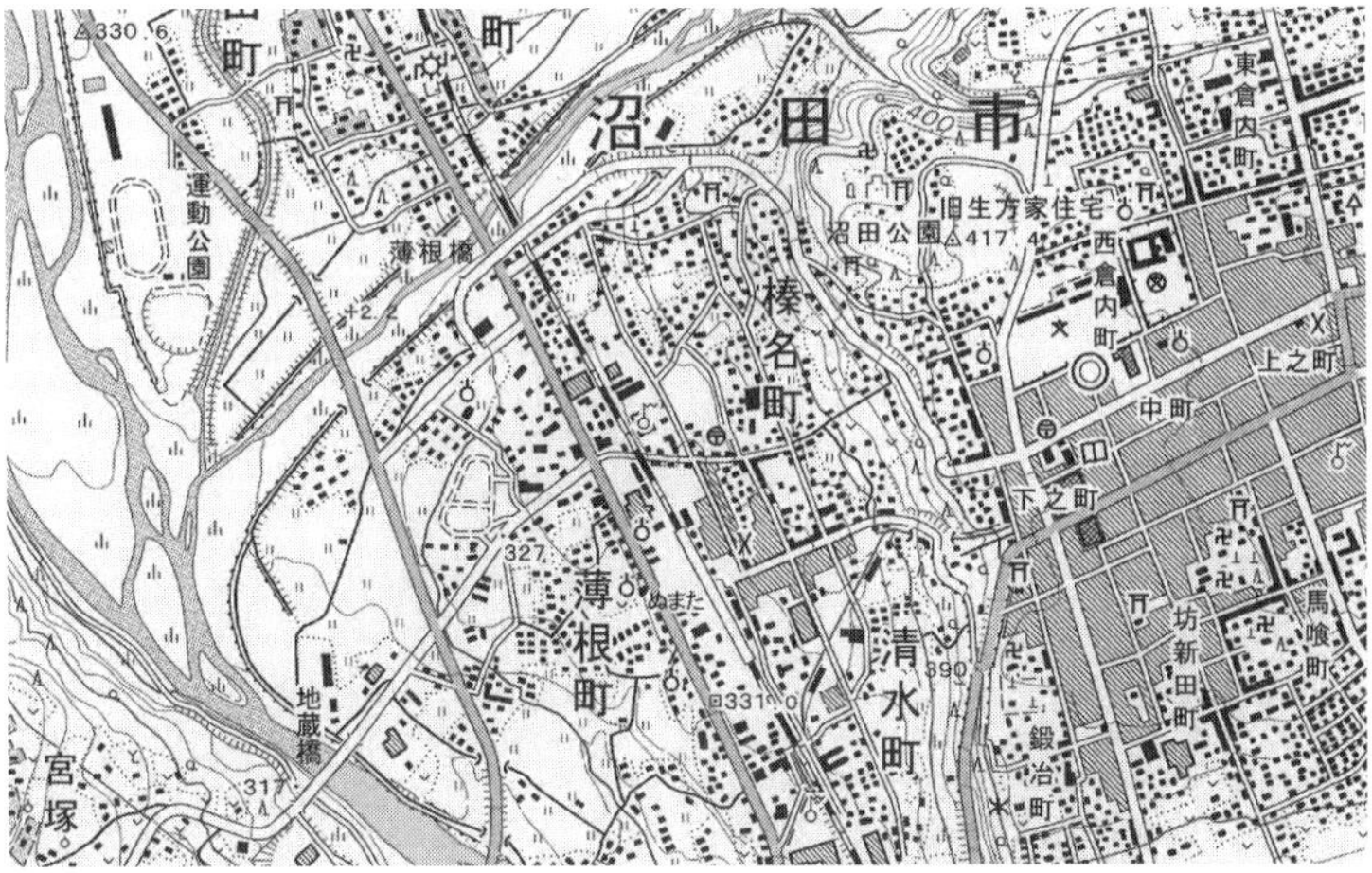

利根川の河岸段丘上にある沼田の市街と、その約80メートル崖下にある上越線の沼田駅。1:25,000「沼田」平成23年更新

日本最大級の河岸段丘で知られる信濃川中流部。その南岸には合計200m以上の段差が存在する。右上に見える水面はその支流の清津川。1:25,000「大割野」平成18年更新

ともあり、こちらも火山の非常に多い日本では枚挙にいとまがない。

このように成因はさまざまであるが、要するに河岸段丘とは都合により侵食と堆積の両方の作用が同じ地点で一定期間ずつ累積された時に生じる地形で、全国各地で見ることができる。段丘が成立するそれぞれの川の条件で段差もさまざまであるが、所によってはその段丘が何段にも連なって見事な造形を見せてくれることもあり、これを地形図で眺めるのはなかなか楽しいものである。具体的に地形図でどのように表現されているかといえば、段丘崖《がい》部分は急斜面なので等高線が何本も密集しているのに対して、平坦面では間隔が広くなっている。

日本最大の河岸段丘とされる新潟県津南町《つなんまち》付近の信濃川右岸（ここでは南岸・前頁の下図）は段数もその段差もとびきり大きくダイナミックだ。これを空中写真やグーグルアースなどで見ると、テラスのような平坦面は水田や畑として使われており、それを縁取る何段もの段丘崖は急斜面なので森林になっており、緑の濃淡のコントラストが実に見事である。

筆者が住む東京都日野市でも多摩川と浅川が作った二～三段に及ぶ河岸段丘が顕著に発達しているが、都市化の進むエリアだけに、これらの段丘崖は貴重な緑地となっている。

流れ山—火山の贈り物

「流れ山」をご存知だろうか。千葉県流山市とは関係ない地形用語で、呼び名こそ優雅ではあるが、文字通り山が流れるという言葉の通り、凄まじい力で生み出されたモノである。これは火山の頂上部で水蒸気爆発が起きたり、地震によって大規模に山体崩壊した際に、その一部がバラバラになって吹き飛び、また山麓を転がり落ちるなどしてぶちまけられた数十〜数百メートルに及ぶ小山を指し、ふつうの田園風景にあれば畑の中に点々と分布する小山、土塊・岩塊が海や湖の中に入れば島の点在する絶景の地となる。

言葉で説明するより地形図で見るのが手っ取り早いが、次頁の上図は北海道のＪＲ函館本線大沼公園駅の北側の地域。線路は大沼（東側）と小沼の間を通っているが、周囲の水面に点在している小さな島々は、すべて北方に聳える駒ヶ岳の爆発による流れ山だ。これらは沼の中だけでなく、火口から半径一〇キロ近くに及ぶ各地に点在しており、沼の東岸地域の畑や牧草地には、古墳を思わせるような小山がいくつも見られる。そもそも大沼も駒ヶ岳の火山活動による泥流が折戸《おりと》川を堰き止めたことにより誕生した湖だ。静穏な今では風景を楽しんでいられるけれど、それらが誕生した時期の、山頂から小山が唸りを上げて続々と飛んでくるような激動の場面に遭遇したいとは思わない。ちなみに大沼の東端に近い流山温泉駅は、ＪＲ北海道が開発した温泉施設へのアクセス駅として平成一四年（二〇〇二）に開業したもので、これは地名ではなく駒ヶ岳の「流れ山」に由来している。

次頁の下図は秋田県南部に位置する象潟《きさかた》。現在にかほ市に所属するこの景勝地は、かつて松尾芭蕉が訪れて「象潟や雨に西施《せいし》がねぶの花」の句を遺したことで知られているが、芭蕉存命

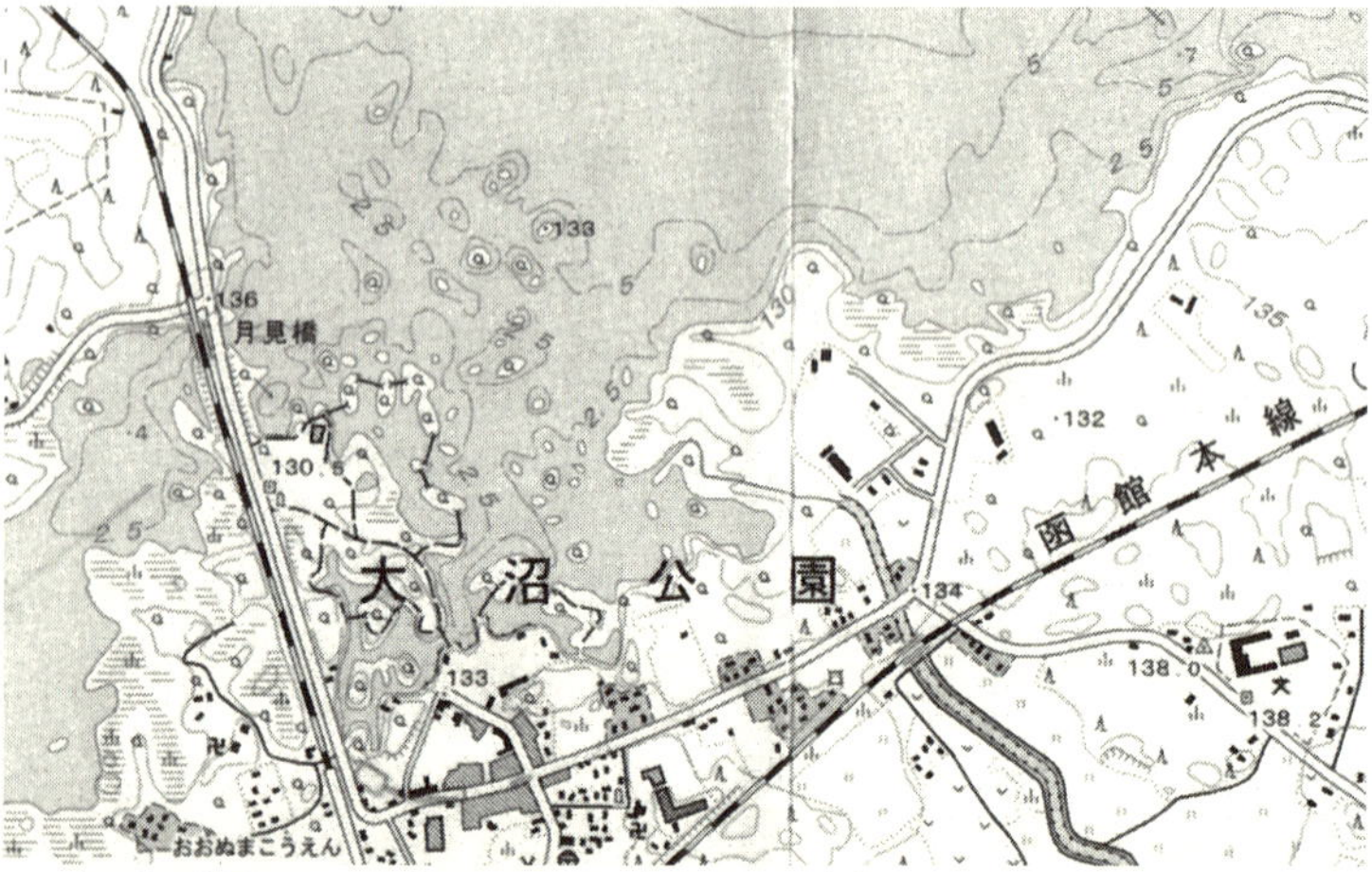

駒ヶ岳の爆発によってもたらされた「流れ山」が島として点在する北海道の大沼。
1:25,000「大沼公園」平成 17 年更新

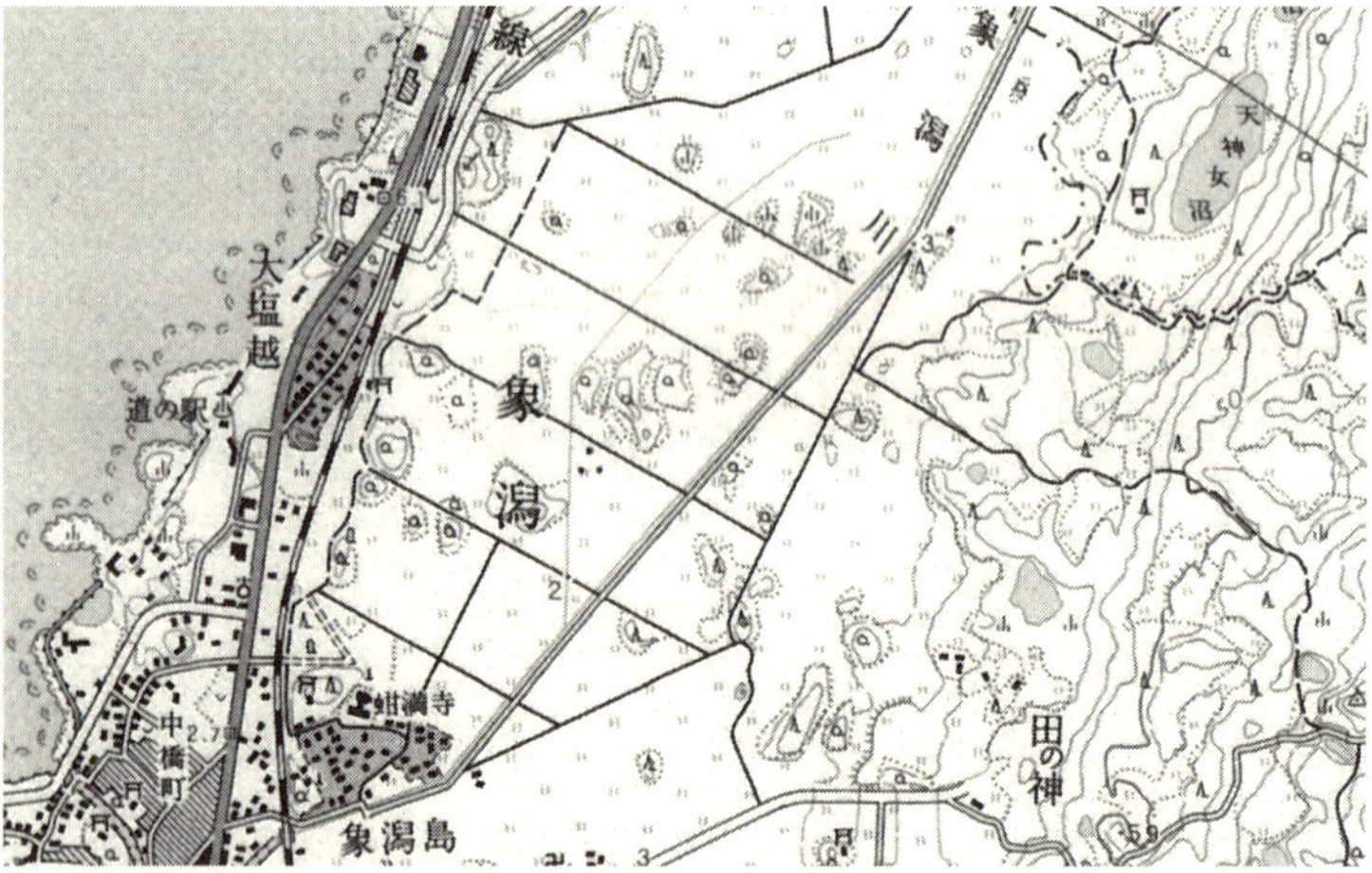

鳥海山の「流れ山」が浮かぶ湖が、後の地震で隆起した秋田県の象潟。
1:25,000「象潟」平成 13 年部分修正

の頃はラグーン（潟湖）の中に小島が点在する、北海道の大沼や宮城県の松島を思わせる景色であったという。芭蕉が立ち寄った蚶満寺《かんまんじ》も今でこそ田んぼに面しているが、当時は目の前が水面だった。

ここ象潟も大沼と同様に鳥海山の山体崩壊による流れ山がもたらした絶景であるが、山頂からの距離は約一七キロにも及ぶ。ところが文化元年（一八〇四）に起きた象潟地震で地盤が隆起して陸化し、かつての湖底は水田に転じてしまう。このため今では水田の中に小山が点在する独特な風景となった。地形図には明らかに流れ山由来の小山がいくつも描かれている。ちなみに東京の浅草に昭和四一年（一九六六）まで存在した象潟町（のち象潟、現在浅草三～五丁目の一部）はこの象潟にちなむ地名で、江戸期には出羽国の本荘藩が上屋敷を構えていたことから、明治五年（一八七二）に領内の名所を町名としたものだ。

長崎県島原市にも流れ山の典型がある。島原市街が面した有明海に小島が点在する「九十九《つくも》島《じま》」であるが、これも市街背後の眉山《まゆやま》が寛政四年（一七九二）に火山性地震で山体崩壊してできた。ただし眉山直下の島原は城下町でもあり、この山体崩壊で土砂が大量に海に入ったため津波も発生、島原領内では死者が一万人を超え、さらに対岸の肥後や天草でも約五千人の死者を数え、「島原大変肥後迷惑」と呼ばれる大災害となった。ちなみに九十九島の島の数は、伊能忠敬が地図作りのための調査した文化九年（一八一二）に五九と記録されているのに対して明治二五年（一八九二）の調査では三一、現在は一六と減少している。これは埋め立てや波に洗われて海中に没したためだ。

いずれにせよ長い目で見れば地面は常に動いている。「動かざること山の如し」という言葉は、少なくとも日本の地形には当てはまらない。

丸いマールは爆裂火口湖

秋田県の男鹿半島といえばナマハゲを思い浮かべるかもしれないが、「マール」も有名だ。左の上図は半島の北西端に近い戸賀《とが》付近であるが、一ノ目潟、二ノ目潟、三ノ目潟という、いずれも丸い形の湖が印象的である。水面の標高は四〇～八〇メートルあり、このうち一ノ目潟は上水道の水源として用いられている。もちろん天然の湖で、いずれもマールという火山地形である（一ノ目潟は国の天然記念物）。「丸いからマール」というわけではなく、元はドイツ北西部のアイフェル地方に見られる丸い湖を当地でマール Maar（原義はラテン語の Mare＝海）と呼んでいたのをドイツの地質学者が取り上げ、この形態の湖を示す専門用語としたことに由来する。

今のドイツでは火山活動はないに等しいが、かつては地面が活発に動いており、古い火山地形は各地に見られる。火山といえば地下からマグマが地上に達して噴火・爆発を繰り返して山体を作り上げるイメージかもしれないが、マールはいわゆる「火山」でない所にも発生する

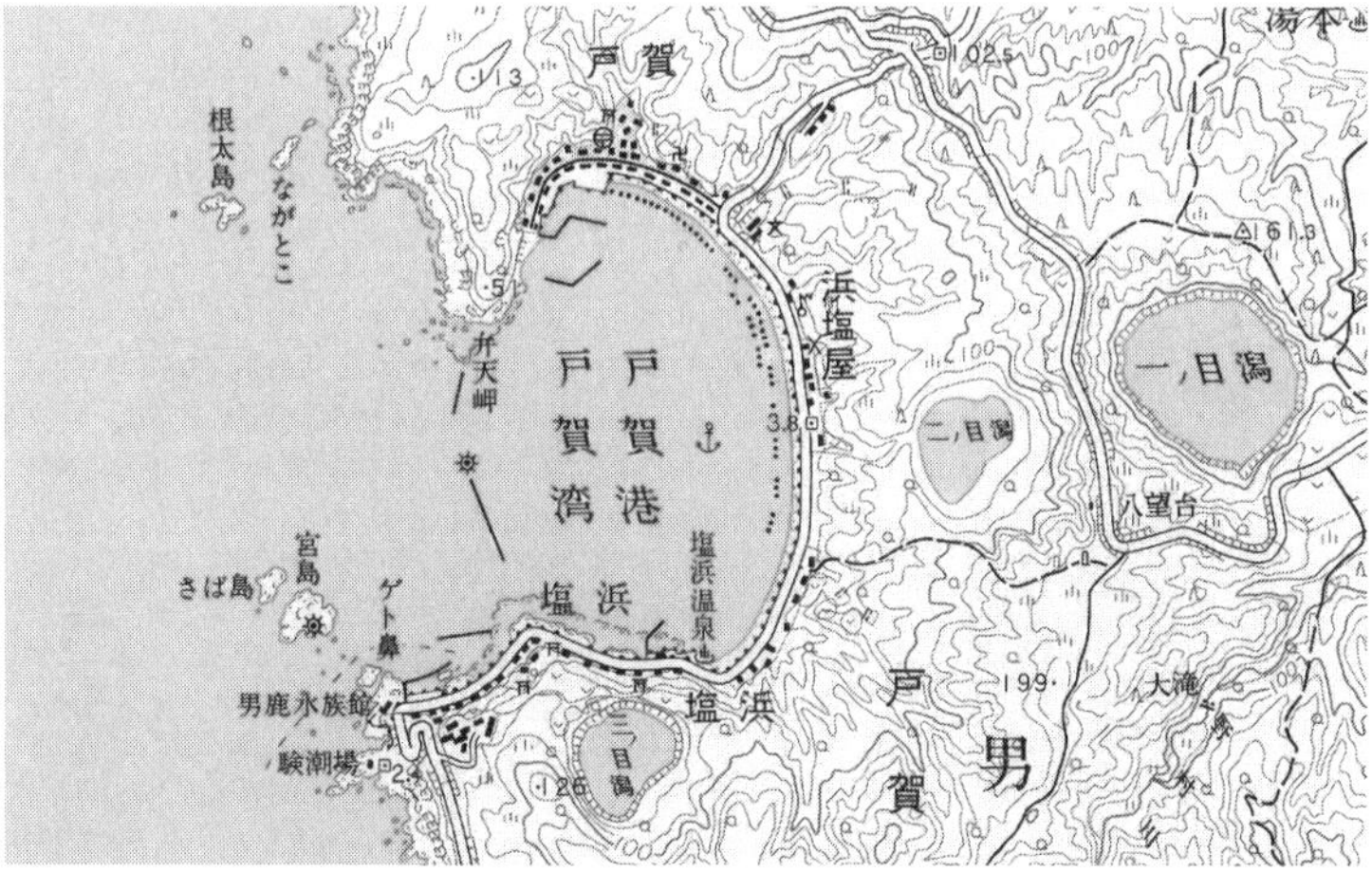

男鹿半島の一ノ目潟～三ノ目潟は爆裂火口湖・マールの典型。1:50,000「戸賀」平成3年修正

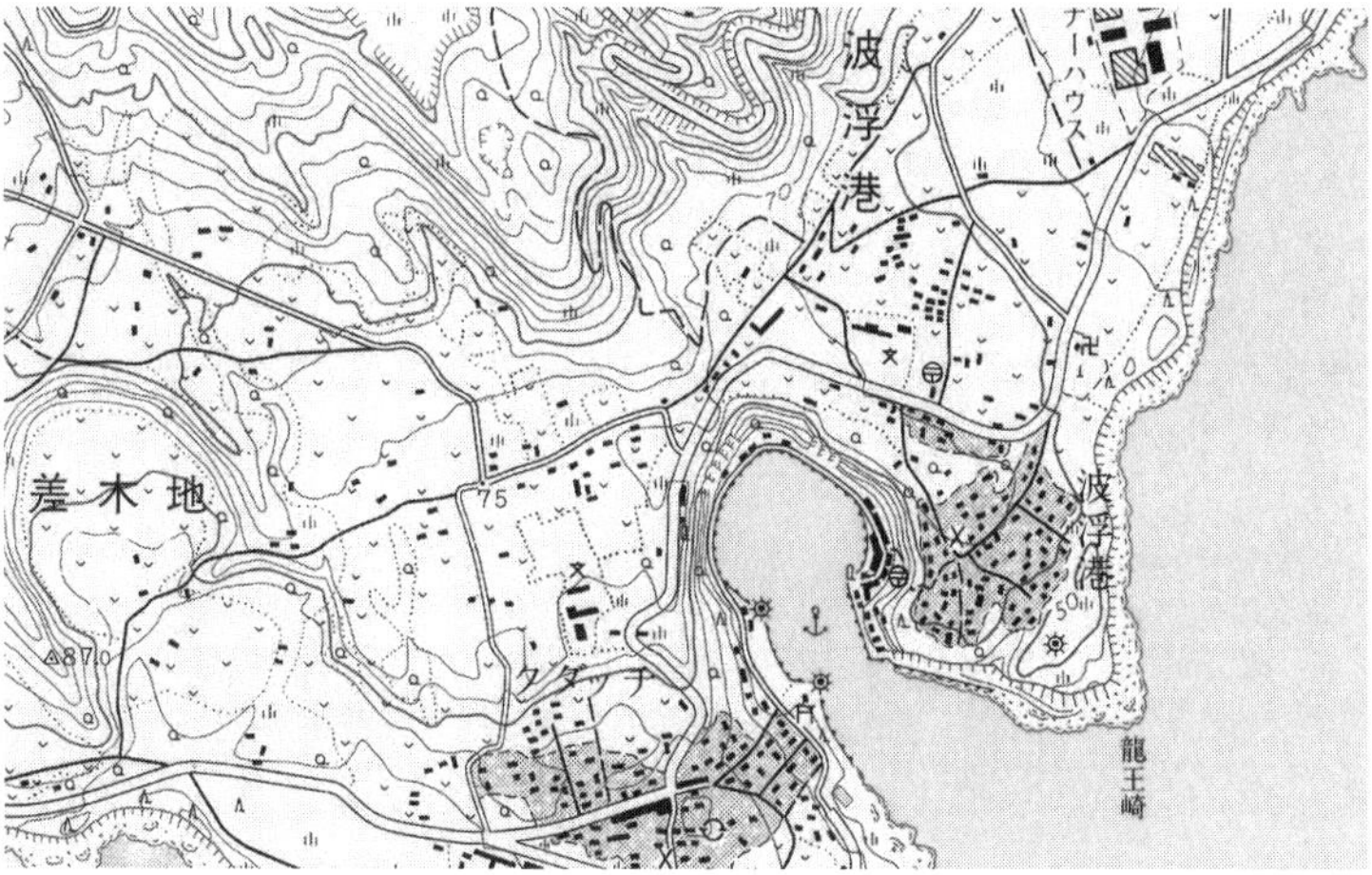

「アンコ椿は恋の花」と謡われた伊豆大島の波浮港。海辺のマールが津波で海とつながり、天然の良港となった。1:25,000「大島南部」昭和52年修正

「爆裂火口」に由来している。これは地下のマグマが上昇して地下水と接触することにより爆発的に地盤が破壊されて生じた円形または楕円形をした穴で、そこに地下水が溜まったものがこのマール（爆裂火口湖）である。

細かいことを言えば、地下水層が穴より低ければ水が溜まらず「タフリング」というお盆のような地形になる。タフ tuff は英語で凝灰岩を意味するが、タフリングがすべて凝灰岩でできているわけではない。タフリングの代表格として最も有名なのはハワイのホノルル・ワイキキ海岸の東に位置するダイヤモンドヘッドだろうか。この山は海岸から見ると立派な稜線を持っているが、上から俯瞰すると巨大なボールの台座になりそうなクレーターである。タフリングなので水は溜まっていない。ちなみにダイヤモンドヘッドという名前は、イギリス人が火口付近で見た方解石《ほうかいせき》の結晶をダイヤモンドと誤認したためという。先住民はこの山をレアヒ（マグロの額）と呼んでいる。

さて、マールは意外にいろいろな場所に存在する。たとえば前頁の下図に見える伊豆大島の波浮港《はぶみなと》。島の最南端に位置するこの港は海の近くで形成されたマールが、元禄一六年（一七〇三）の小田原地震の大津波によって海とつながったものだ（その四年後に富士山の宝永大噴火が起きた）。約一世紀後の寛政一二年（一八〇〇）—ちょうど伊能忠敬が測量を始めた年であるが、この時に周囲の崖を切り崩し、さらに浅かった入口の水深を掘って整備したのが港の原形である。外海の荒波を避けるには絶好の地形なので、その後は風待港《かざまちこう》として繁栄した。

同じ伊豆諸島では三宅島の新澪池《しんみょういけ》もマールであった。過去形なのは、昭和五八年（一九八三）に雄山が噴火した際、海岸に近い神秘的な湖として知られていたこのマール付近で大規模な水蒸気爆発があって池が消滅してしまったからである。アツアツに熱したフライパンに水を掛けた時の爆発的な反応を思い浮かべればいいかもしれないが、逃げ場がない地中にある大量の地下水にマグマが触れると、一帯の岩石や土砂を吹き飛ばしてしまう。消滅した新澪池近くの道路に大小の岩が散乱している当時の写真を見たことがあるが、爆発している現場には決して居合わせたくないと思ったものだ。日本は四つのプレートがひしめく絶妙な場所ゆえに多数の火山があり、多種多様な火山地形の宝庫だが、刻々と変化しつつある、まさに「生き物」としての地球を実感させられる場所でもある。

石灰岩地形

山口県の秋吉台は日本の代表的な「カルスト地形」で知られている。カルスト地形とは主に石灰岩に由来する特徴的な地形で、ドリーネと呼ばれる漏斗《ろうと》状の窪地や、その地下に発達した鍾乳洞に代表される。カルスト（Karst）とは欧州スロヴェニア南部のクラス地方のドイツ語の呼称で、この地形についてのドイツ人学者の論文が注目されたことが発端という。ちなみにスロヴェニアのすぐ北隣はドイツ語圏のオーストリアである。

日本を代表するカルスト地形の秋吉台（山口県）。トゲのある凹地等高線で表わされたドリーネが目立つ。1:25,000「秋吉台」平成23年更新

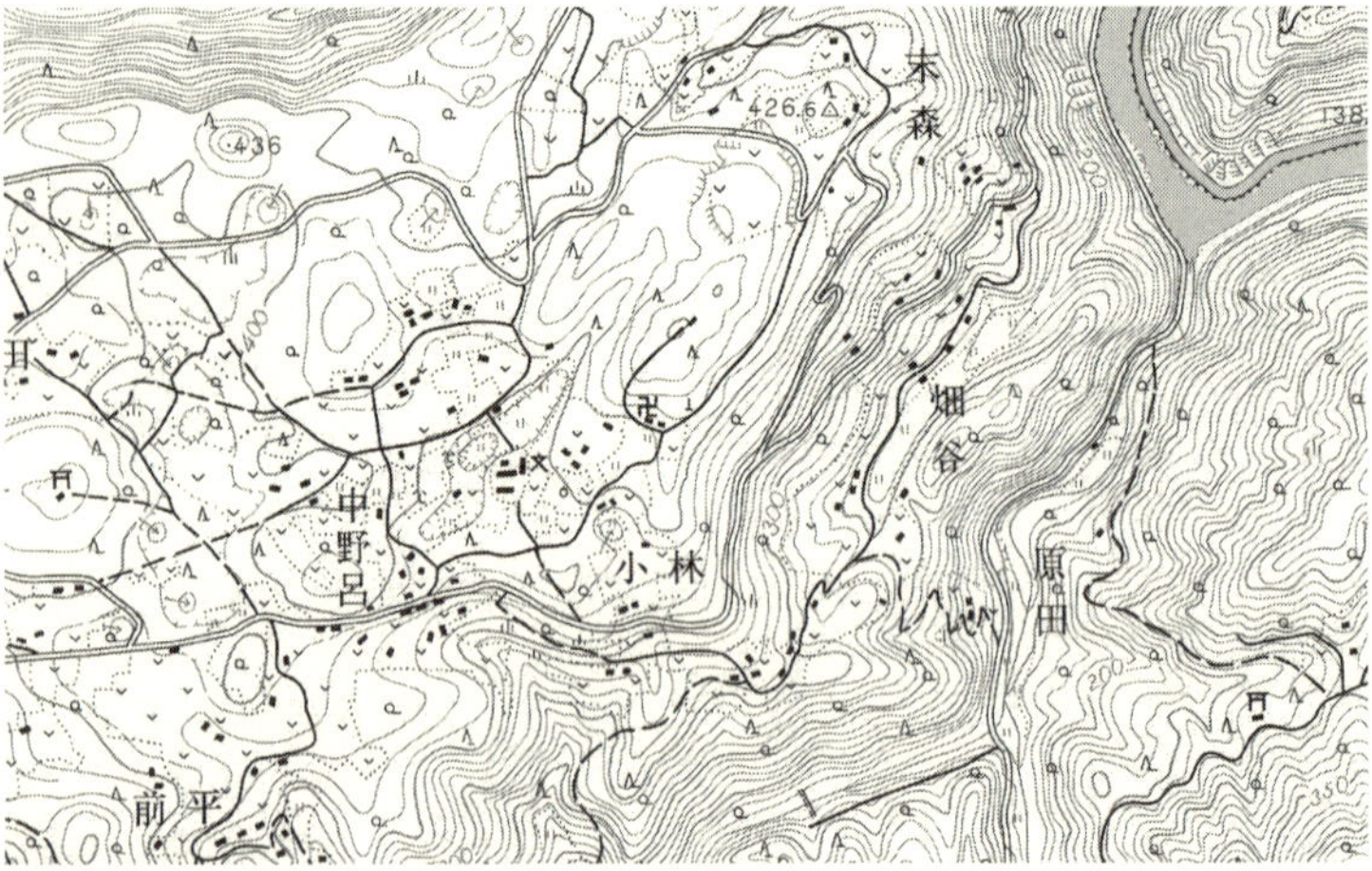

岡山県新見市の法曽（ほうそ）地区。鍾乳洞の井倉洞や石灰鉱山もほど近い。右上の水面は高梁川。1:25,000「川面市場」平成５年修正

当然ながら地形図で地下の鍾乳洞を図示することはできないが、地表の窪地であるドリーネは凹地の表現で描かれているので、慣れればすぐ読み取れる。右の上図は秋吉台のごく一部で、このうち「ながじゃくり」や「鬼の穴」に見られるトゲ付きの凹地等高線（トゲのある側が低い）の表現が、船底のような形の窪みを如実に示していてわかりやすい。

凹地等高線で示すほどの規模ではない小さな窪地の場合（小凹地）は、丸形に囲んだ等高線の中に矢印を入れて表現している。たとえばこれが一〇〇メートルの等高線であれば、線の内側のピークは一〇二メートルくらいと想定できるが、これに対して丸形の中に矢印が刺さっていれば、丸形のまん中は九八メートル程度といった具合に、等高線の数値より低い。

石灰岩は他の岩石に比べて酸性を帯びた水によく溶けるため、長年にわたって溶けて侵食された石灰岩が地中に染み込むにつれてこの窪地は成長していく。一方で地下の石灰岩も溶けて流れていくため空洞が広がり、鍾乳洞が形成される。溶けた石灰を含む水は岩の割れ目を伝って少しずつ洞窟内に滴下されるため、特有のつらら状の鍾乳石が発達し、床面に滴下されたものが蓄積して文字通りタケノコのような石筍《せきじゅん》が発達、両者が繋がれば石柱となる。鍾乳洞内の水の流れがまとまれば川ができ、大きな空洞に水が湛えられて地底湖になった場所も珍しくない。川は時に大河のような響きを洞窟内に轟かせ、やがて鍾乳洞の出口から地表に出てくるが、思えば不思議な光景だ。逆に地表を流れている川がカルスト地形に吸い込まれていくケースも見られ、その吸い込み穴をポノールと呼ぶ。

前頁の下図は岡山県新見《にいみ》市の法曽《ほうそ》地区で、すぐ東には高梁《たかはし》川が流れ、それに沿ってＪＲ伯備《はくび》線が通っている。ここは「穴だらけ」の秋吉台ほど侵食は進んでいないものの、矢印のある小凹地があちこちに見られ、明らかにカルスト地形であることがわかる。ここに見える中野呂の「野呂」は、特に中国地方では山間の小平坦地に付くことが多く、緩やかに波打つような平坦面のあるカルスト地形と無縁ではない。

そもそも石灰岩は炭酸カルシウムを主成分とする殻をもつ水棲生物の死骸が分厚く積み重なったものが多く（化学的沈澱を成因とする例もある）、日本にある石灰岩の場合は、まず温暖な海域の珊瑚礁などが太平洋プレートやフィリピン海プレートに載ってベルトコンベアのように億年単位の時間をかけてはるばる運ばれ、ユーラシアプレートや北米プレートの下にもぐり込む際に日本列島に押し付けられたもの（付加体《ふかたい》）が多いため石灰岩は日本全国に分布している。また銀や銅などの非鉄金属ように精錬コストが見合わず国内鉱山がほぼ消滅した鉱物とは違い、現在でも自給できている例外的な鉱物だ。

このためカルスト地形の見られる所では今も石灰鉱山が目立つ。秋吉台でも観光客の訪れるエリアからは見えないが、その少し西側では住友大阪セメントが大規模に石灰を掘っているし、九州を代表するカルスト地形である平尾台（北九州市小倉南区ほか）でも西側には三菱マテリアルの巨大な露天掘りの石灰鉱山がある。

地形図に見る「造成中」の風景

恐竜を思わせるトラスが印象的な東京ゲートブリッジ。その西側に今も刻々と成長しつつある埋立地がある。東京の燃えないゴミを一手に引き受ける「中央防波堤外側埋立地」であるが、帰属が決まっていないので町名はない。その前段階で、隣接する大田区と江東区の間でどんな「領土分配」が行われるか注目されていたが、平成二九年（二〇一七）一〇月に東京都の調停で「江東区八六・二パーセント、大田区一三・八パーセント」とする案が提示された。

埋め立てが行われるずっと以前から海苔の養殖や漁業などで海面を利用してきた大田区は「到底承服できない」と反発しているが、江東区側としても「夢の島」以来、東京のゴミを長年にわたって一手に引き受けてきた見返りとして当然という主張ももっともなので、解決は難しそうだ。

それはともかく、埋立地や造成地は大規模な土木工事で完成まで一定の時間がかかるため、地図上に「工事中」の状態が示されることは珍しくない。特に国の基本図たる地形図は空中写真の画像を基に作られるので、海を予定の半分まで残土やゴミで埋めたところで撮影されれば、基本的にそのままの形で図になる。もちろん昨今の「地理院地図」のように、道路や新幹線が開通したまさにその日のタイミングでバシッと更新される芸当もネットの地図上では行われているが、これはあらかじめ設計図を入手していて完成形に変更がないから可能なのである。いくら何でも埋め立てていないのに「フライング」で表示することはできない。

余談だが戦前にはフライング事件があった。石川県の白山電気鉄道（後の北陸鉄道小松線）が予定していた延伸区間を地形図で表示したところ、実際には事情により開業できず、「幻の鉄道」が示されてしまったのである。地形図の作成に数年かかった当時、確実に完成するだろうとの観測の下で行われたとはいえ「嘘」を描いてしまった陸地測量部（国土地理院の前身）としては痛恨事だったに違いない。

さて左の上図はこの中央防波堤外側埋立地が埋め立てられている最中に撮られた空中写真を基に作成されたものだ。これから「島」となるべき陸地の輪郭線に矢板を打ち込んで護岸を作り、海面を取り囲んだ状態で、まさにこれから中身をゴミで充填しようとしている状況が示されている。掲載した図の外側ではあるが、中央防波堤北側の埋立地は海面がなくなり、さらにゴミが上積みされた結果、この時点の最高地点は内陸の台地上にある池袋の標高とほぼ同じ三三メートルに達している。

防波堤外側でも東側の埋立地はすでにゴミの積み上げが始まっており、等高線によれば二〇メートルを超えた（現在は三〇メートル以上）。植生記号はすべて「荒れ地」となっているが、かぶせた表土にペンペン草が生えたような状態はこの記号で表現する約束だ。ついでながら、北アルプスなどの山岳地帯でも森林限界を超えた高さで高山植物が群落を作って「お花畑」に

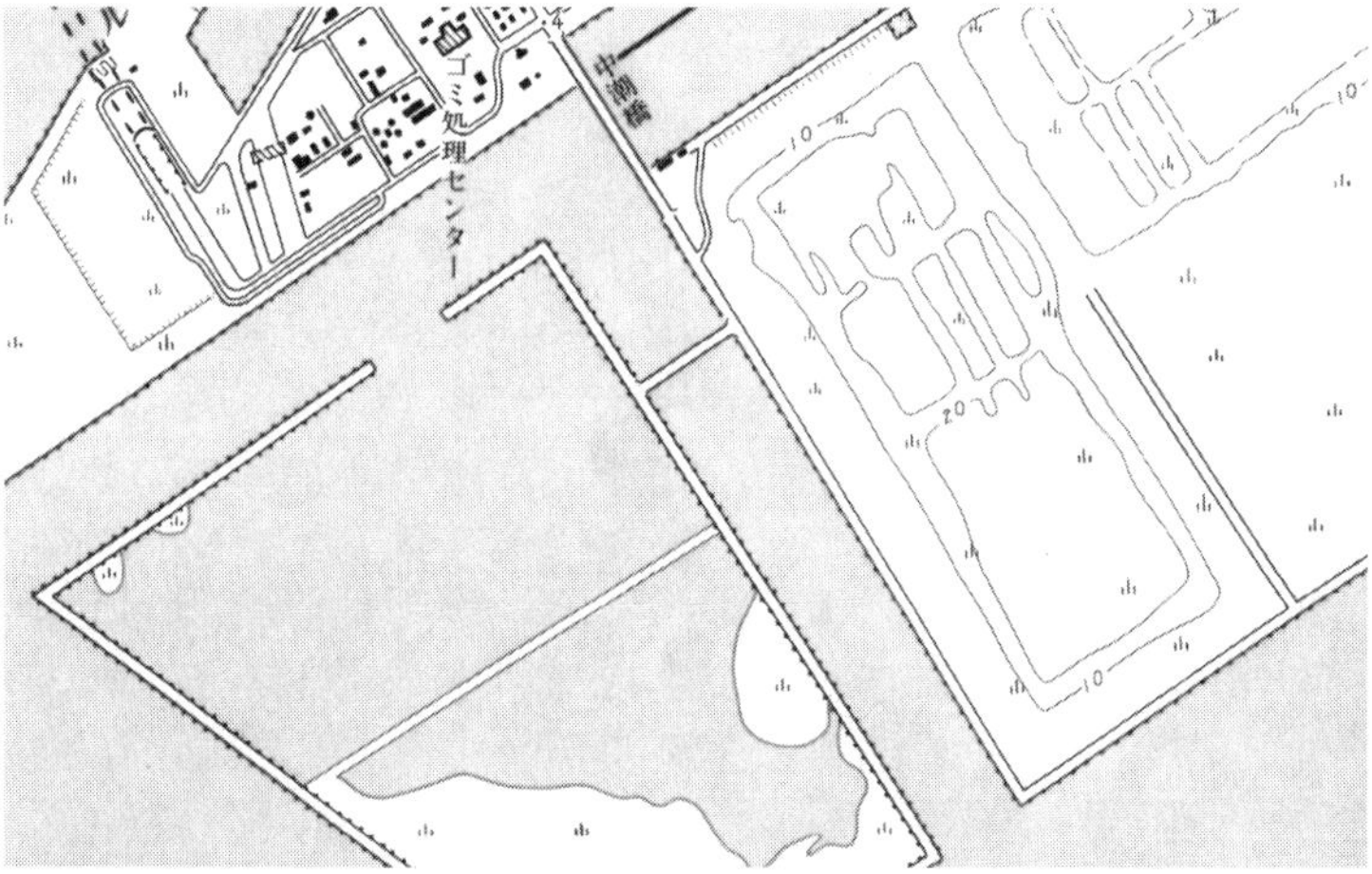

「中央防波堤外側埋立地」の一部がまだ埋め立て途上だった頃（中潮橋の「中」の字にかかる黒線が中央防波堤）。1:25,000「東京南部」平成５年修正

造成中の多摩ニュータウン、多摩センター駅予定地の南側。
1:25,000「武蔵府中」昭和 46 年修正

なっていれば、無粋ながらこの荒れ地記号が用いられる。

前頁の下図は造成中だった昭和四六年（一九七一）の多摩ニュータウン。まだ京王・小田急の多摩センター駅が左上端の田んぼ付近に開業する数年前の状態だが、「土がけ」の記号と荒れ地記号が造成中の生々しさを表現している。古くからの青木葉という集落が雑木林の消えた赤土の広がりの合間にひっそり生き残っている様子は、まさに激変する首都圏郊外の風景を象徴するようだ。

テーブルマウンテンのでき方

まるで机のようにてっぺんが平らな山を「テーブルマウンテン」と呼ぶが、世界的に有名なのがアフリカ大陸最南端に近い南アフリカ共和国のテーブルマウンテン（一〇八六メートル）だろう。ケープタウン旧市街の南側に聳えているが、山体にほとんど木がないので、水平に堆積した砂岩の地層がダイナミックに見えるのが特徴だ。

地形学的にはこのような山をメサというが、スペイン語で「テーブル」を意味する。メサは侵食地形の一種で、上の方に相対的に硬い地層が載っている場合、下方の地層がより多く侵食されることにより形成されるものだ。下の方が削られるといっても雨風によってさすがに上部の方が張り出したオーバーハングには至りにくいから、上の層（キャップロック）がギリギリ抵抗して「頭でっかち」になる。これが簡単に言えばテーブルのでき方だ。

日本国内にもメサは各地に存在するが、有名なものといえば源平合戦の舞台にもなった香川県の屋島だろうか。周囲の斜面が急なのに、四国八十八ヶ所の屋島寺（八四番）のある頂上は平らなので不思議な感慨を抱く。今では屋島スカイウェイ（旧屋島ドライブウェイ）が通じているが、かつてはケーブルカーが麓からテーブルの縁まで走っていた。山体は花崗岩の上にさらに硬いキャップロックの安山岩が載っており、このため長らくの侵食によってメサとなった次第である。

大分県を走る久大本線《きゅうだい》、豊後中村駅付近の車窓から見る青野山《あおやさん》（次頁の上図）も印象的なメサだ。九重《くじゅう》連山などの火山活動による大量の火砕流で形成された台地（火砕流台地）が長年にわたって侵食された際、やはり下層が選択的に削られた結果このようなテーブルが形成されている。火砕流は火山噴出物が高温の火山ガスとともに高速で周囲に流れ下るもので、しばしば時速一〇〇キロを超える。この言葉が広く知られるようになったのは長崎県の雲仙《うんぜん》普賢岳《ふげんだけ》が噴火した頃だろう。平成三年（一九九一）六月三日、火山活動を取材していたメディアの記者や火山学者、消防団員など四三人が、逃げる間もなく火砕流に巻き込まれて亡くなった。

日本国内に火砕流台地は数多いが、その分厚い堆積を目の当たりにすると、雲仙普賢岳の大火砕流とは比べものにならないほど大規模な火砕流が過去に何度も起きたことがわかる。平成二九年（二〇一七）に広島高等裁判所は、阿蘇山の火砕流が伊方《いかた》原子力発電所にまで到達する

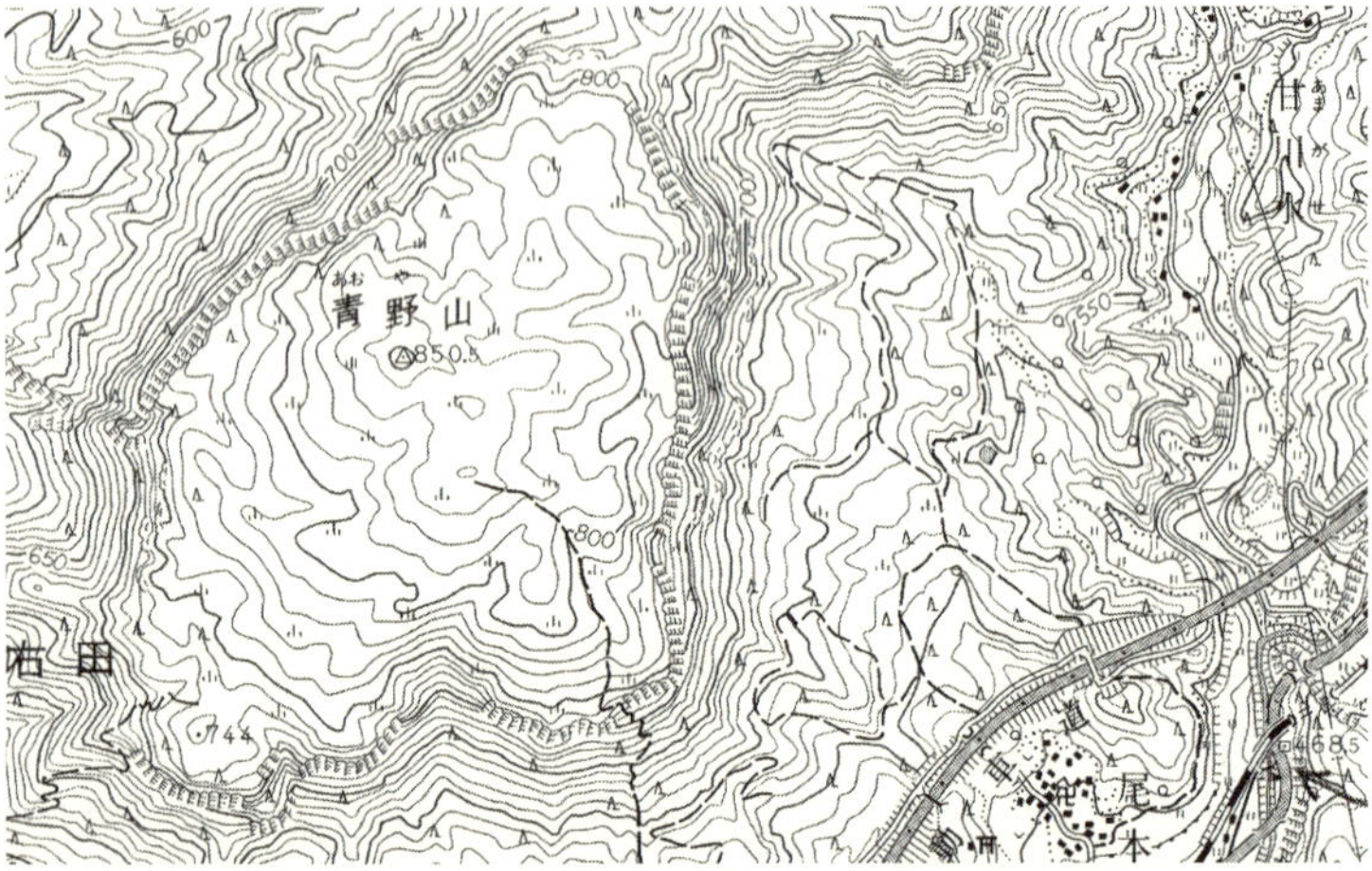

大分県の青野山（あおやさん）は典型的なメサで、久大本線豊後中村駅は山の南側。
1:25,000「豊後中村」平成７年部分修正

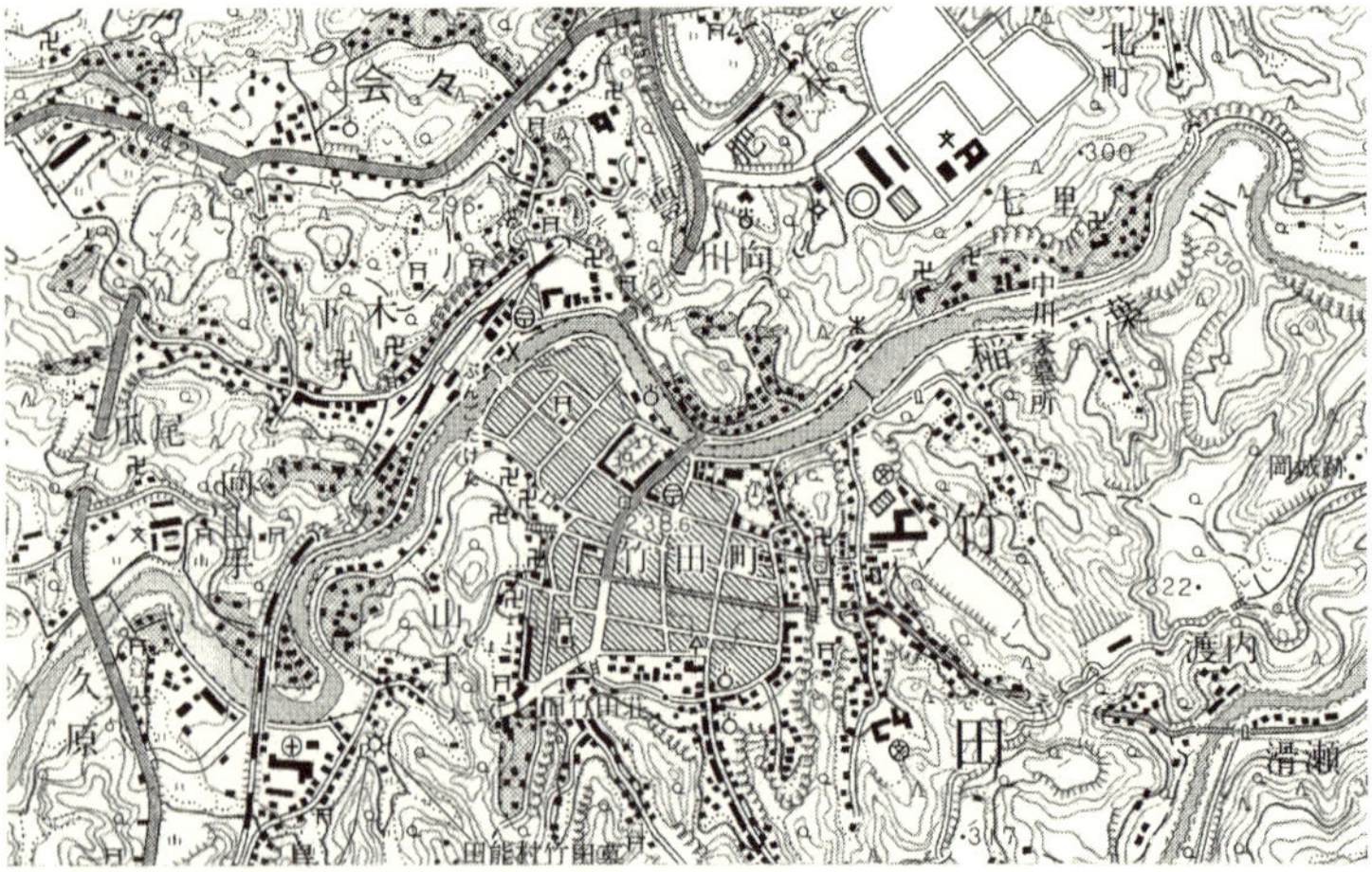

同県竹田市は旧市街の周囲にトンネルが多い「レンコンの街」として戦前から知られた。
1:25,000「竹田」平成 11 年部分修正

可能性を指摘して「運転差し止め」の決定を下したが、そのレベルの大噴火（記録の残る古代以後まだ起きていない）があれば、原発どころか九州内でどれだけ生存者がいるかというほどの被害だろうから、備えるというよりは「祈る」しか手段はない。

それはともかく、テーブルマウンテンが今後さらに何万年と侵食されれば、さしもの硬いテーブルも縁から少しずつ欠けていき、天板の面積を減らしながらやがて三角山となり、さらにそれが低くなって平原に戻っていくはずだ。右の下図は同じく大分県竹田《たけた》市の中心市街だが、一帯は分厚い火砕流台地が侵食されて谷が深く刻まれた状態である。あらかた凝灰岩《ぎょうかいがん》でトンネルを掘りやすいため、明治期から数多くの手彫り隧道が建設されてきた。このため戦前から「レンコンの街」などと呼ばれている。

その東側の火砕流台地の平坦部分に築かれたのが「荒城の月」で知られる岡城（図の右端）だ。思えばこの城が廃されて今までの百数十年など、万年、億年単位で語られる地質年代のスケールから見れば、つい先刻の出来事に過ぎない。

海と川の地形を楽しむ

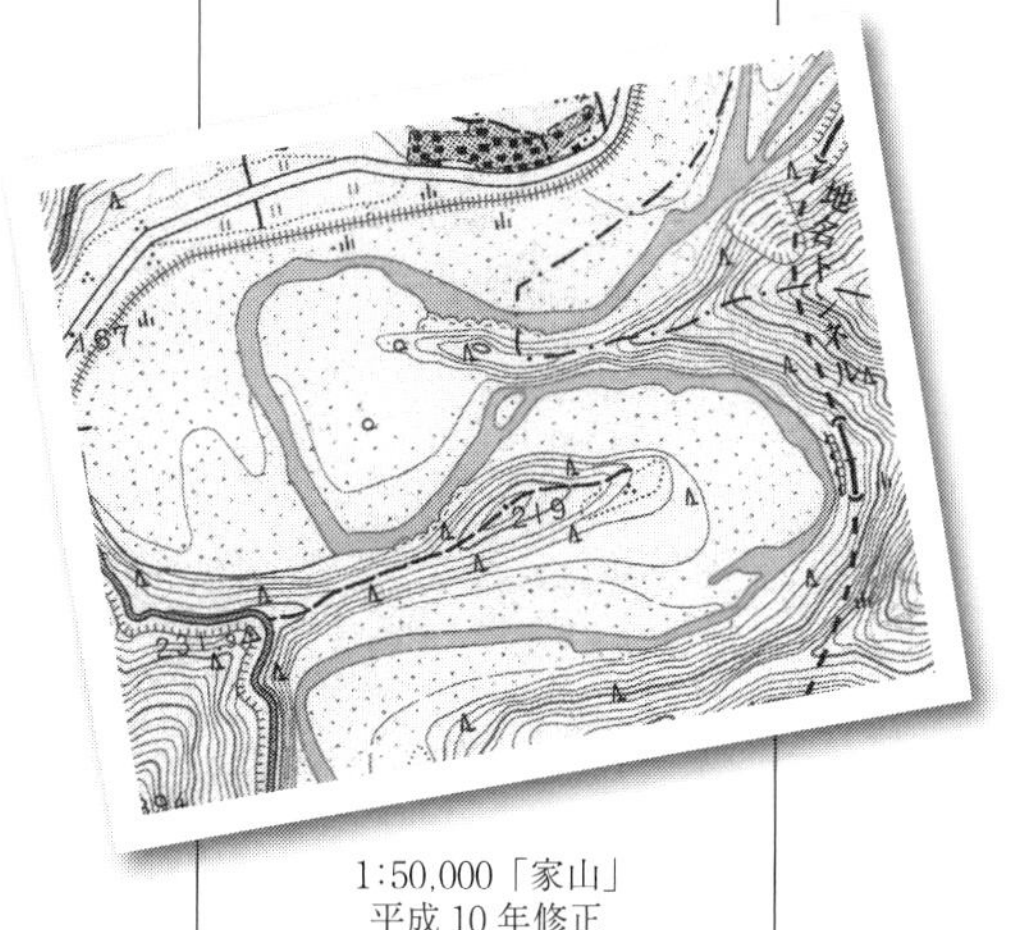

1:50,000「家山」
平成10年修正

地形図で読む蛇行

蛇行とは文字通りヘビがのたくる様子であるが、曲がりくねって流れる河川に用いられることが多い。蛇行は一定以下の緩い勾配に起こる現象で、自然状態で放置すれば年月の経過とともに蛇行は激しくなる。これはカーブ外側の流れが速いために土地を侵食し、内側では比較的遅いため土砂が堆積することから必然的に生じる変化だ。さらに曲流が進めば、増水の際に溢れて河道の短絡が行われる。その結果、それまで流れていた河道の一部が取り残されて三日月またはクロワッサン形の「河跡湖《かせきこ》」となり、その形状から三日月湖などとも呼ばれている。

しかし近代以降は土木技術が長足の進歩を遂げたため、川の流れは人工的にどしどし手を加えられることが多くなった。たとえば都市圏で高度な土地利用が行われている場合、蛇行の「成長」を許してしまえば市街地はどんどん削られ、あるいは耕地が侵食されてしまい、その不利益は著しい。そのため自然のショートカットを待たずに人工的に改修することが多くなった。

平地をゆったり流れる大河を地形図で観察すると、必ずと言っていいほど過去の蛇行の跡が見つかるが、その後大規模な耕地整理や都市化が行われると、それらの痕跡は姿を消してしまうことも少なくない。これに対して人口が希薄なところ、たとえばシベリアの河川などでは見

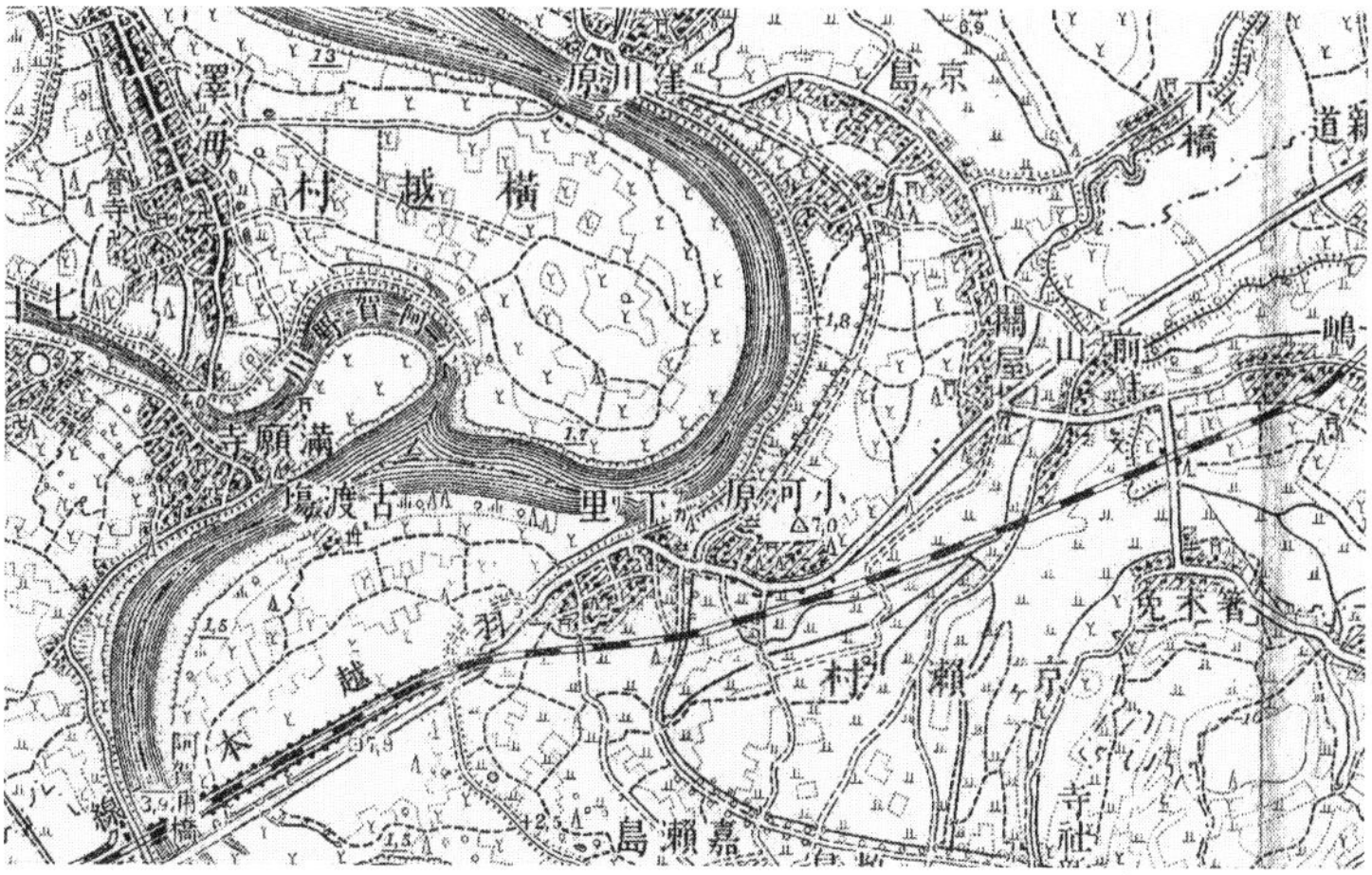

蛇行していた阿賀野川の下流部。羽越本線の阿賀野川橋梁は当時日本一の長さ（1229m）を誇っていた。1:50,000「新津」大正 14 年鉄道補入

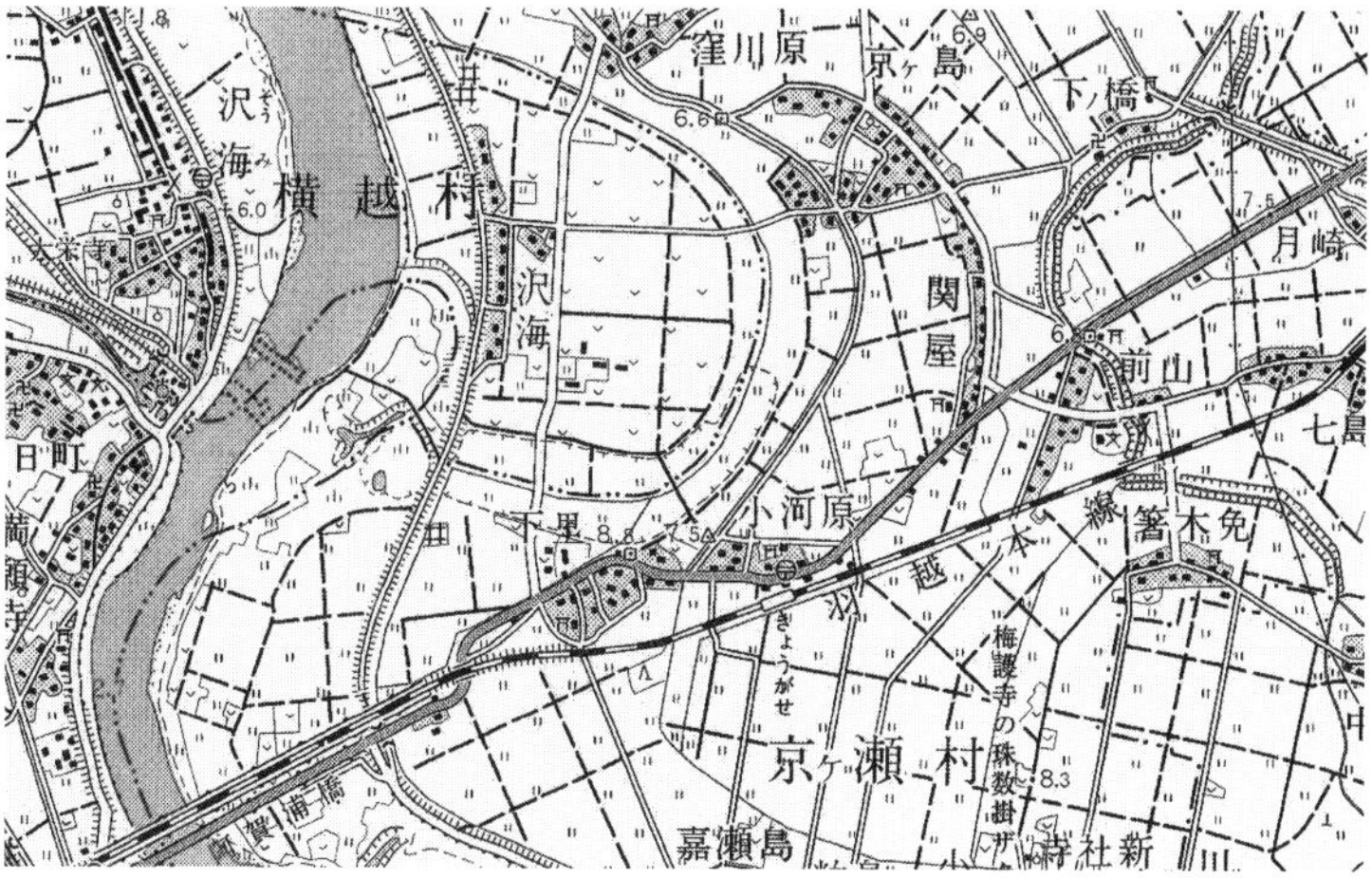

曲流部分が短絡された阿賀野川。ただし境界は旧河道に沿っている。横越村は現在新潟市江南区の一部。1:50,000「新津」平成８年要部修正

事に自然な蛇行の痕跡が何重にもなっていて壮観だが、たとえ人口密度が高く人為的な土地改変が多い日本でも、慣れてくれば地形図を眺めているだけで意外に多くの旧河道を発見することができる。

手始めにわかりやすい新潟県の阿賀野川下流域から。前頁の上図は大正期（同一四年鉄道補入版）で、はるばる会津から流れて来たこの川は新潟平野のここへ来て奔放に蛇行している。図の下の方で長い鉄橋を渡っているのは大正元年（一九一二）に新津《にいつ》～新発田《しばた》間を開業した羽《う》越《えつ》本線（当初は信越線の一部）で、この阿賀野川橋梁は全長一二二九メートルと、当時の鉄道としては日本一の長橋であった。

阿賀野川はここではおおむね南から北へ流れており、途中で分かれている「小《こ》阿賀野川」は分流である。要するに阿賀野川の流れがここで二分されて一方がこの小阿賀野川に流れ込む。この川も蛇行しているが、その半径は比較的小さい。蛇行の描くカーブの半径はおおむね流量に比例するので、両者の流量の差は明らかだ。それらにはさまれた満願寺集落の左上、線の下に「四・〇」とあるのは水深で、これに対して本流は中央上部の窪川原に見える五・五メートルと、さらに深いことがわかる。当時はこれだけ川幅が狭いところに、会津盆地など福島県の半分近い面積に新潟県側を加えたエリアに降った雨がすべて集まってくるのだから肯ける。逆に下線のある数値は「岸高」つまり水面に対する岸の高さだ。

前頁の下図は現在の状態に近い同じ区域で、大きく東側に蛇行していた部分が昭和初期に人工的にショートカットされた後である。それでも旧河道のまん中には用水と思われる流れがあり、そこを郡の境界がなぞっているのは、かつて阿賀野川が境界であった名残だ。さらに小阿賀野川の小さな蛇行ラインもそのまま現在に至るまで境界線として用いられている。

これほどわかりやすい例でなくても、たとえば川崎市や大田区にはかつての多摩川の蛇行跡が街路のカーブに生き続けている事例もあるので、手近なエリアで蛇行跡を探してみるのも一興ではないだろうか。

扇状地と天井川

新橋〜横浜（現桜木町）間といえば、明治五年（一八七二）に日本で初めてお目見えした鉄道である。車両はもちろん、レールから乗務員、列車ダイヤに至るまですべて「英国直輸入」で実現した。三〇キロメートル近くの区間には六郷川（多摩川）や鶴見川をはじめ、いくつもの橋梁が架けられたが、トンネルは一か所もなかった。

それでは日本初の鉄道トンネルがどこであったかといえば、京浜間に遅れること二年、明治七年（一八七四）に開通した大阪〜神戸間の官設鉄道のものがその嚆矢である。しかも一挙に三か所が建設され、その名は芦屋川隧道、住吉川隧道、石屋川隧道という。要するにいずれも川の下をくぐるものであった。川ならふつうは橋梁で跨ぐものなのに、ここでトンネルが建設された理由は、川がかなり高い所を流れていたからである。そこにもし橋梁を架けるとなれば、勾配に制限のある鉄道としてはずいぶん手前から少しずつ築堤で坂を上らねばならないが、蒸気機関車の当時としては急勾配を避けることは重要だった。

この三つの川のように周囲より高いところを流れる川を「天井川」と呼ぶが、流域が当地の六甲山地のように花崗岩質であるなど、崩壊しやすい地形・地質である場合に形成されやすい。ついでながら、石材として重宝される「御影石」は花崗岩であるが、三トンネルの存在する六甲山麓の地名・御影の名を付けたものだ。

上流部に崩壊地の多い河川が山から平地へ出る際、峡谷の急流から解放されて流速が落ち、そこで岩石、砂礫は重い順に堆積していく。それらが堆積すれば河床は高くなるので、次はその周辺の少しでも低い箇所へ堆積するようになる。やがて谷の出口周辺でまんべんなく堆積が進んだ結果、形成される地形が扇状地だ。上から見ると文字通り扇形を成している。

ところが扇状地を形成する河川の周囲に人が住むようになると、大雨が降る度に頻繁に土石流に襲われてはかなわないので、堤防を築くことになる。しかし堤防で土砂を閉じ込めると、必然的に堤防の内側だけに集中して堆積が進み、みるみる河床が周囲より高くなってしまう。危険なので再度の堤防かさ上げを行うのだが、これは当然いたちごっこだ。このように自然と人間の「合作」でできたのが天井川である。

東海道本線の三トンネルはその後、複線、複々線となるに従って改修が行われ、芦屋川と住

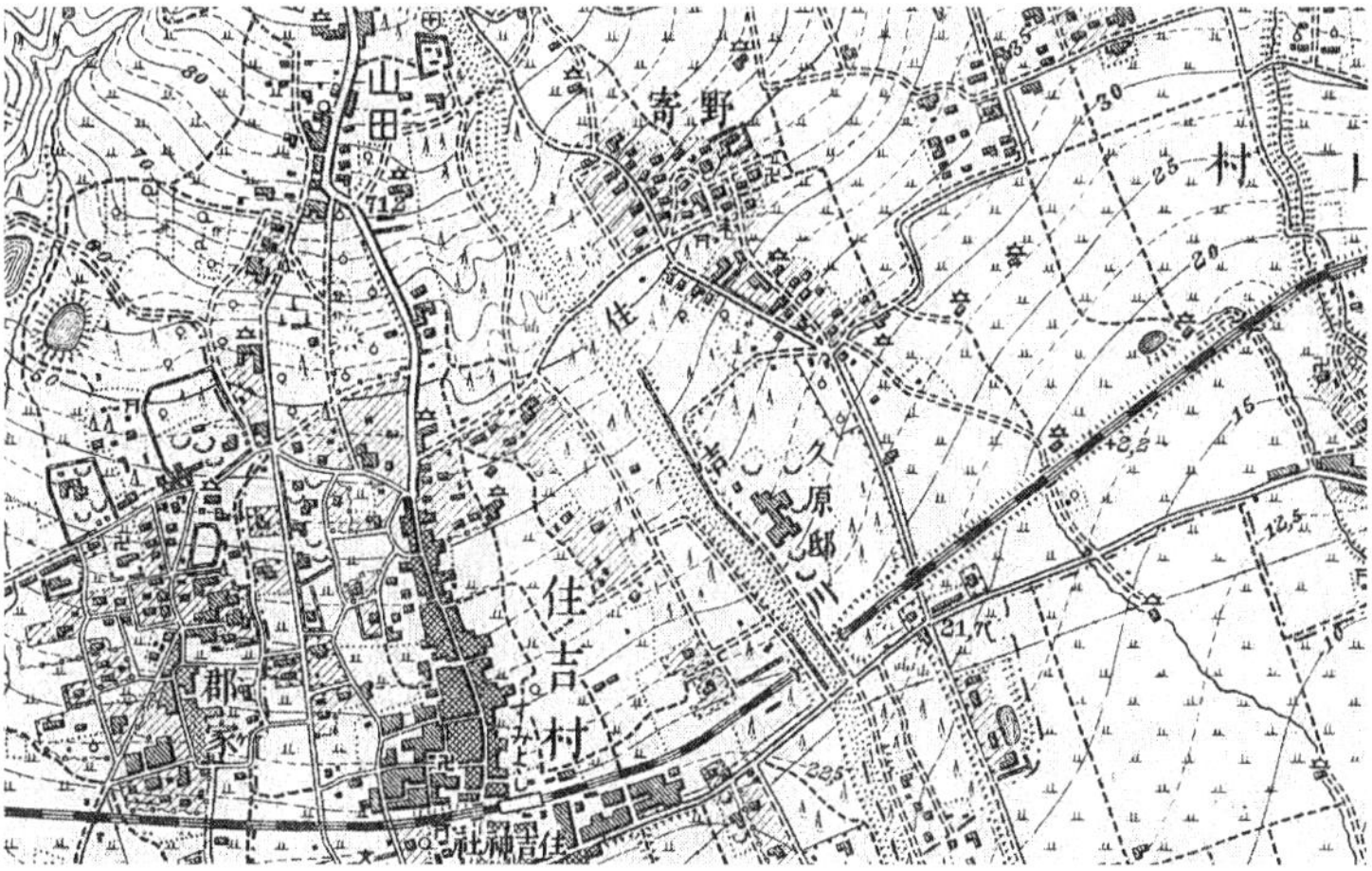

阪神間の天井川に建設された日本初の鉄道トンネルのひとつ、住吉川隧道（1:20,000 地形図「御影」明治 43 年測図）。

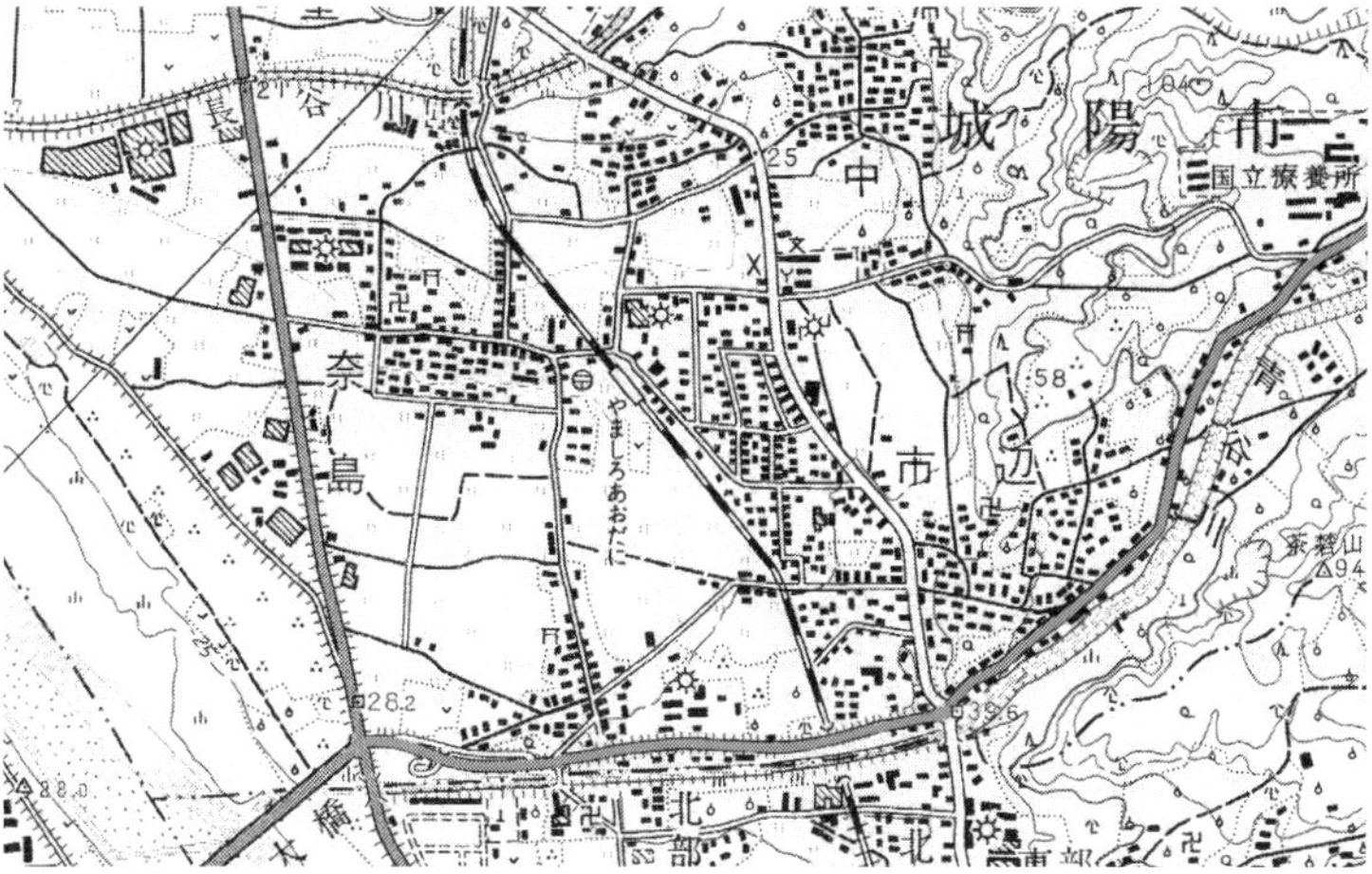

京都府南部の天井川、長谷川と青谷川。後者は JR 奈良線が今も明治期のトンネルをくぐっている（1:25,000 地形図「田辺」平成 10 年部分修正）。

吉川では今はトンネルではなく「水路橋」という形となっており、石屋川は高架化を機に橋梁に改められた。それでも天井川のトンネルは西日本を中心にいくつもあり、地形図上でも川の下を線路がくぐる特異な景観として観察することができる。特にJR奈良線は花崗岩質の山地から流れ下る天井川が何本も横断しているため、これらをくぐる箇所が多い（前頁の下図）。その中のいくつかは今でも立派な煉瓦巻きの明治時代のトンネルが現役で使われている。

河床が高くなった天井川を放置すれば危険度が増すので、特に市街地に面した川は改修によって掘り下げ、またはバイパスの放水路を作ってそちらに流す措置が行われることもある。最も有名な天井川のひとつだった滋賀県の草津川は、国道一号や東海道本線がいずれも草津市街地のまん中でトンネルを抜けているが、平成一四年（二〇〇二）に西側に放水路が完成、今ではこのトンネルの上に水は流れなくなった。

意外な川の流れと谷中分水界

兵庫県丹波市石生。これで「いそう」とはなかなか読めないが、京都府福知山市にもほど近いこの土地には、知る人ぞ知る地形学上の名所がある。「本州で最も標高の低い中央分水界」というのがそれだ。中央分水界とは、太平洋側へ注ぐ流域と日本海側へ注ぐ流域を分ける境界線のことで、本州最北端の青森県から最西端の山口県まで紆余曲折しながら続いている。たとえば群馬県と長野県の境界に位置する碓氷峠（旧中山道の峠は標高約一・一九〇メートル）の東側に降った雨は碓氷川を経て利根川河口のある銚子で太平洋へ注ぎ、西側に降った雨は千曲川から信濃川を経て新潟県の日本海へ向かうので、この碓氷峠も中央分水界のライン上に位置している。

その長い本州の中央分水界の中でも標高が最も低い地点がここで、わずか九五メートルしかない。図中に見えるＪＲ福知山線石生駅の東側に見える岼部《いそべ》神社のさらに東の上流側から、小さな扇状地を形成しながら流れ下ってくる川は高谷川《たかたに》で、すぐ西側で加古川に合流して瀬戸内海へ流れていく。しかしこの高谷川のすぐ北側へ降った雨は北へ流れ、黒井川としてやがて由良川へ流れ込み、若狭湾の日本海へ注ぐ。この場所は分水界にちなんで「水分《みわ》かれ」と呼ばれ、「水分れ公園」の中ではモニュメント的に人工で分流された二つの流れの方向を「↑太平洋・瀬戸内海↓」のように表示してあるのが印象的だ。しかしこれが自然状態であった昔に遡れば、水が扇状地の北側を流れている時は日本海、南側なら瀬戸内海という具合に、大雨が降る度に流域は変動したに違いない。

たいていの分水界は、等高線を見慣れてくると地形図上でも簡単にたどることができるが、「水分れ」のような平地や緩傾斜地になると、同じひとつの谷の中に二つの流域が接していることはなかなか気付きにくい。このように地形の都合により谷の中に分水界が存在することを「谷中《こくちゅう》分水界」と呼ぶが、なぜこんな地形ができたのだろうか。

これらの谷は元はひとつの流域で、そこを流れる川が谷を少しずつ削り、後の時代に削るのをやめて土砂を堆積させた。しばらく堆積が進むと谷間には沖積地が形成されるのだが、その後に隣のエリアを流れる別の流域の川の流速が、何らかの理由で速くなる（基準面としての海面が低下、もしくは地盤が隆起するなど）と、その川が勢いよく削り込んでできた谷がこちらの谷の中まで侵入してしまい、結局はこちらの流域の水をごっそり奪っていく現象が起きる。地盤が全体に傾くなど地殻変動の影響を受けることもあるが、これが「河川争奪」だ。

このような河川争奪などを原因とする谷中分水界は世界中に数多く存在するが、出来上がった地形は一見不思議な印象をもつものになる。たとえば川に沿った険しい山道を葛《つづら》折りで登ってきたのに、峠に到着しても下り坂にならず、あたりが開けて平野となることがある。上って下る通常の峠のタイプでなく、上ったまま下らないことから「片峠」とも呼ばれる。

注意して地形図を観察していると、谷中分水界や片峠には意外にしばしば遭遇するものだが、松尾芭蕉の「蚤虱《のみしらみ》馬の尿《しと》する枕もと」という句で知られる尿前《しとまえ》の関の付近にも谷中分水界がある。宮城と山形の県境（陸奥と出羽の国境）は分水界から少し東に外れているが、ここを通る陸羽東《りくうとう》線の列車の窓から、その名も堺田駅の前後を眺めていれば、水の流れがこの駅を境に異なっているので分水界を実感することができる。

本州の中央分水界で最も低い地点のある石生とその周辺。上に見える黒井川は由良川水系で日本海へ、石生の西側に見える高谷川は加古川（左側）へ合流して瀬戸内海へ注ぐ。1:50,000「篠山」平成元年修正

山の中で曲流する川――穿入蛇行

深山幽谷の呼び方がふさわしい大井川上流。ぎっしりと密集した等高線が険しい山を想像させるが、それより印象的なのが奔放に屈曲する川の流れ方かもしれない。このようなタイプの川を穿入《せんにゅう》蛇行（穿入曲流）と呼ぶが、元は平地をのんびり蛇行していた川であったという。それが陸地が徐々に上昇した結果、位置エネルギーが増大して河底を下向きに削る力（下刻《かこく》力）が強く働き、長年にわたってそれが続いたためにこのような屈曲した峡谷が出来上がったのである。

多くの山間地の蛇行では、厳密に言えば流れのカーブの外側に斜め下向きに力がかかるため、きわめて緩慢にではあるが、徐々にこの蛇行は半径を広げていく。このためそれが極度に蛇行した区間では隣の蛇行とある時点で接続してしまうことがあり、そうなるとC字型をした空き地が残ることになる。しかし川の流れはそんなことにお構いなしにひたすら下刻を続け、やがて川の流れはそのC字型の空き地よりはるかに下を流れるようになる。

左の上図で言えばそのC字型が閑蔵《かんぞう》駅の西から北に見える白っぽい空き地（矢印）だ。その一部を利用して大井川鐵道井川《いかわ》線の線路が敷設されているが、下流の千頭《せんず》駅の方からもっぱら険しい山肌を削ったり橋を架けたり、中腹に無理に線路を付けたりと、厳しい建設工事が強い

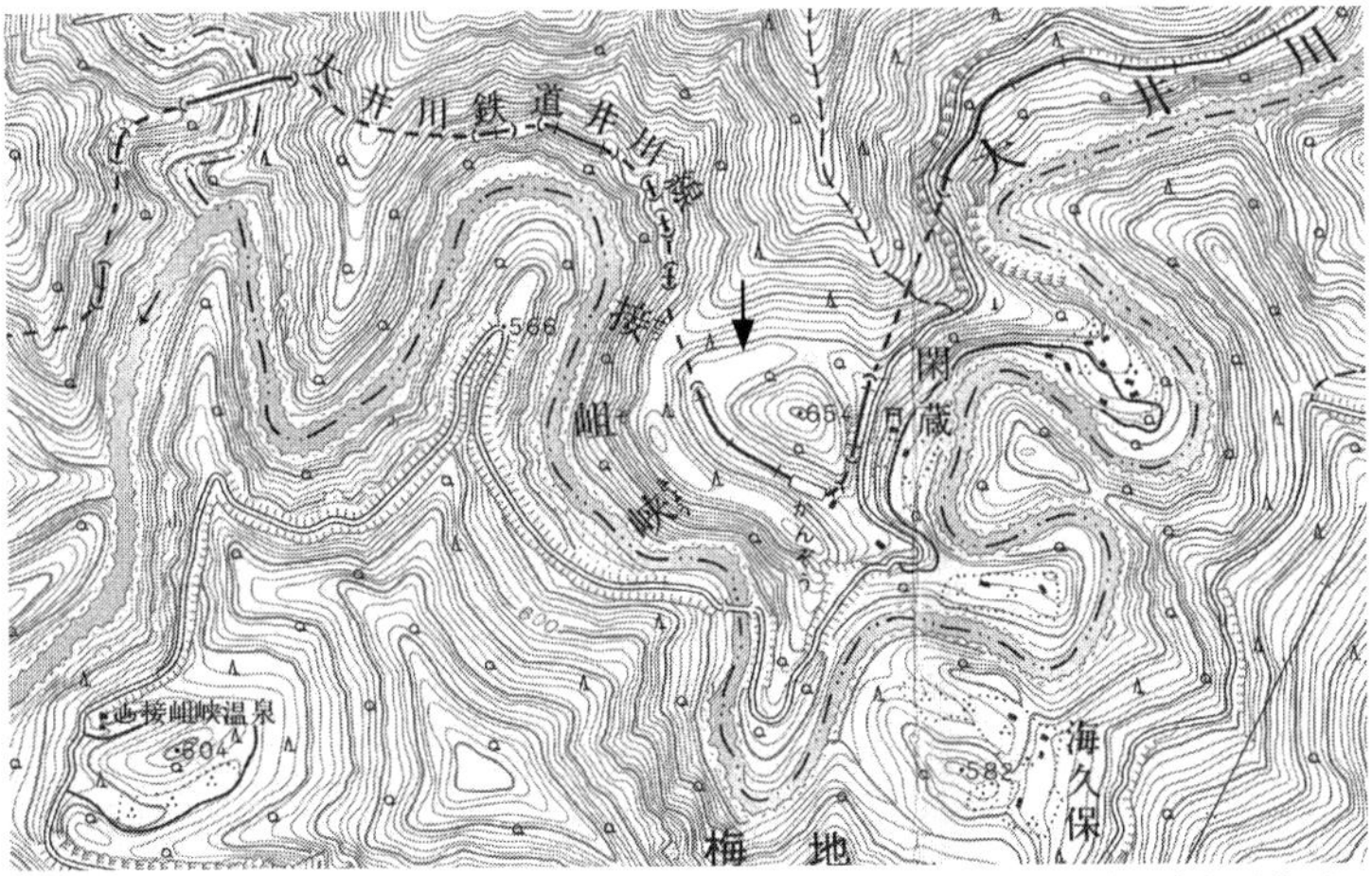

深山幽谷を自由奔放に蛇行する大井川の上流部。1:25,000「井川」平成８年部分修正

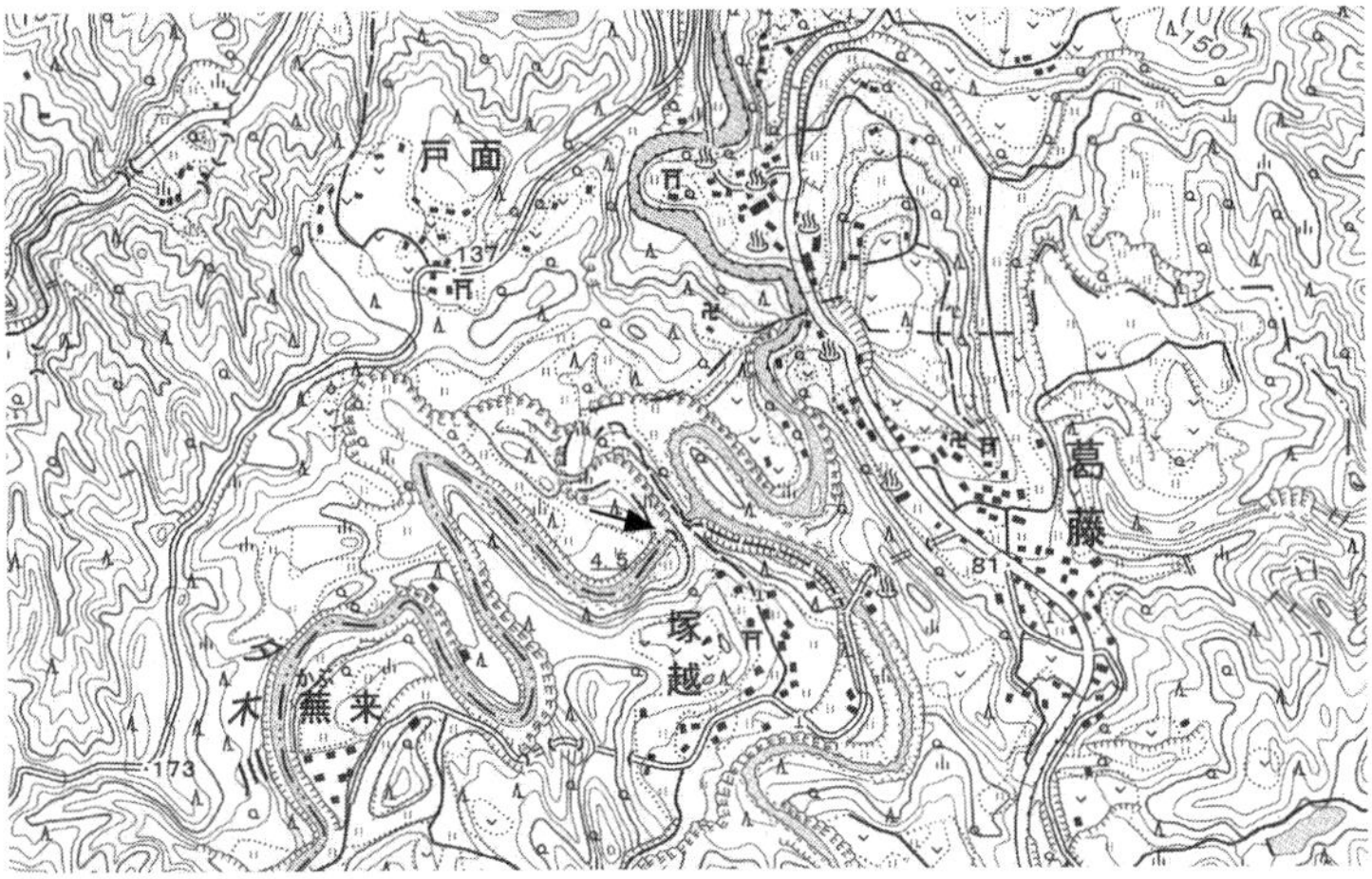

養老川上流。支流・夕木川の蛇行を人工的に短絡した「川廻し」が見える。1:25,000「大多喜」平成 16 年更新

られてきた鉄道が、ここで「自然の通路」を利用できてほっと一息つく区間であろう。もちろん、これはルート選定に関わった人だけが味わったのだろうが。

このC字型の標高を等高線で読み取れば五七〇～五九〇メートルであるが、そのすぐ東側を流れている大井川本流は五三〇メートル以下とだいぶ差がある。もし下刻速度を年一ミリと仮定しても、五〇メートルの標高差が生じるには五万年、年二ミリでも二万五千年という気の遠くなるほどの時間がかかった勘定だ。ついでながら、そのC字型の旧河道に囲まれて孤立丘となった部分を環流丘陵（繞谷《じょうこく》丘陵）と呼ぶ。このような穿入蛇行の川沿いにはあちこちに目立つもので、左下に見える接岨峡温泉もそれだ。

前頁の下図はそれほど険しい山の中ではないが、蛇行のレベルはかなりのものである。場所は千葉県南部の養老渓谷で、西から夕木《ゆうき》川という支流が養老川に流れ込む位置。ところがよく見ると合流する手前、「塚越」という地名の上で夕木川がトンネルをくぐっている（矢印）。これはさすがに自然の造形ではなく、房総半島では江戸時代からよく行われた「川廻《まわ》し」である（トンネルでなく切り通しの場合も多い）。ここは「弘文洞」と呼ばれる観光名所として知られたが、昭和五四年（一九七九）五月二四日未明に突如崩落してしまったそうで、今では切り立った崖が残るのみだ。ただし地形図ではこの図も含めてしばらく弘文洞が「健在」で、さらにその上を通る小径も描かれていたのだが、さすがに崩落から三五年後の平成二五年調整の版でようやくこの部分はカットされた。

「川廻し」は蛇行した川を短絡させることによって旧河道に田んぼを開く手段で、この養老川の他にも並行して北流する小櫃《おびつ》川や小糸川などに目立つ。図ではトンネルの西側に市原市（西側）と大多喜《おおたき》町の境界が描かれているが、これが旧河道の一部を物語っており、かつての夕木川はここから北へ流れ、東へくるりと回って南下、養老川へ注いでいたようだ。ちなみに養老川の名前の由来は膕《ひかがみ》（膝の後のくぼんだ部分）を意味する古語「ヨボロ」が転訛したという説もある。それほど屈曲した川なのである。

地形図で滝を観賞する

地形図で使われている「滝」の記号をご存知だろうか。学校や神社仏閣の記号と違ってだいぶ知名度は低いけれど、山へ行く人なら図上で一度ならずお目にかかったことがあるはずだ（次頁の上図に見える小さな記号）。川を横切る黒線と、それに添えた下流側の点々が基本形で、黒線が川を堰き止めたイメージなので、飛沫を意味する点々は必ず下流側に描かれる。

さて、そもそも滝（瀧）という漢字は本来「雨の降りしきるさま」を表わすそうで、転じて急流の意味もある。そんなわけで滝の付く地名は滝よりも急流に由来するものが多い。現代語の滝は本来「瀑」の字に相当し、群馬県で「日本のナイアガラ」と呼ばれる「吹割《ふきわれ》の滝」が国土地理院の地形図に「吹割瀑」とあるように、探してみれば意外に多い。古い文献では瀑布と

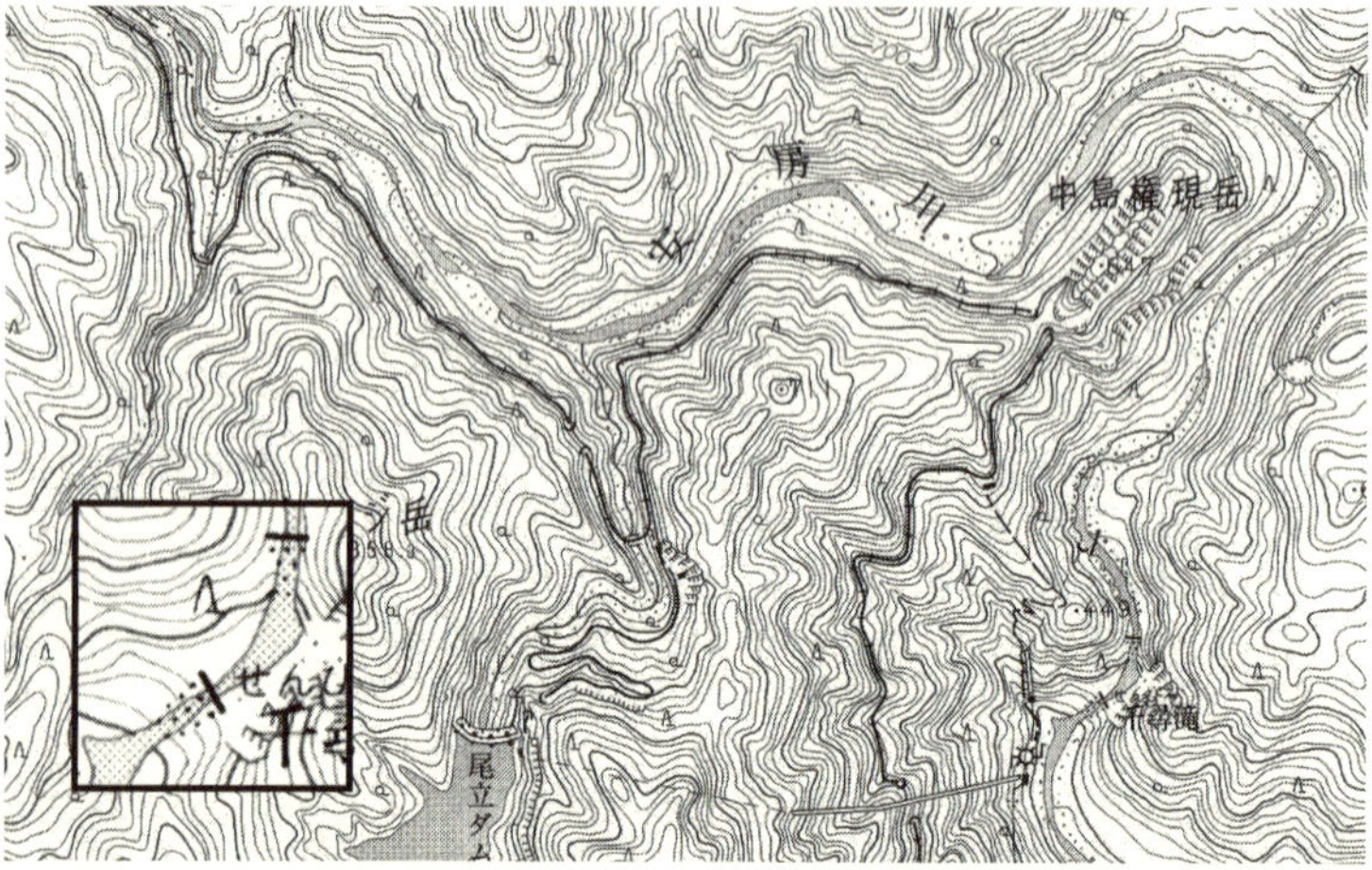

屋久島の千尋の滝はその名の通り巨大で、記号の点を多数打ってその様子を表現。
1:25,000「宮之浦岳」平成13年修正

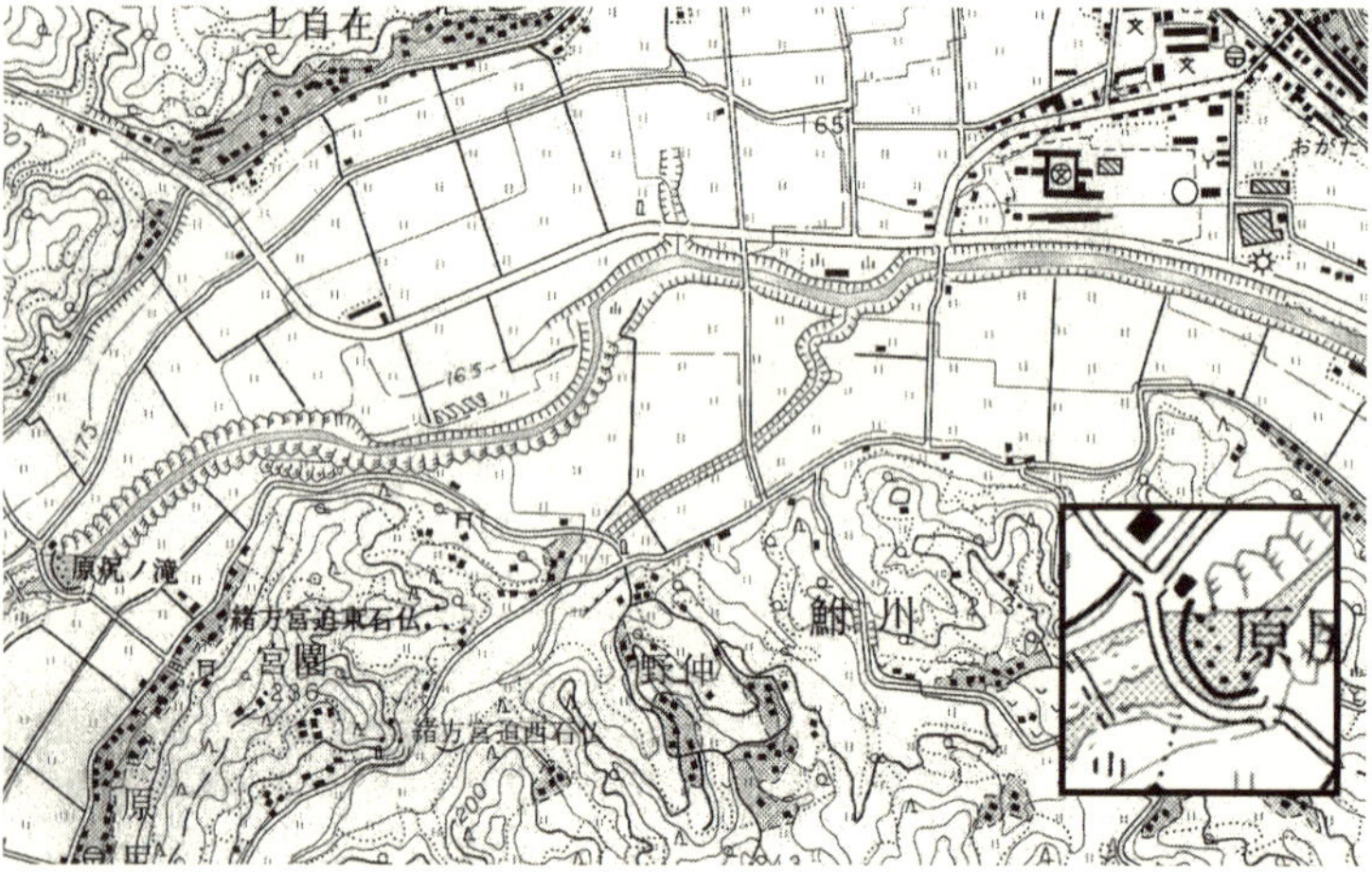

「日本のナイアガラ」原尻の滝。柱状節理が崩落しつつ後退した証拠が下流側に連なる崖記号。1:25,000「竹田」昭和60年修正

いう表記も目につくが、白い布を引くような様子から組み合わされたものだろう。神戸の「布《ぬの》引《びき》の滝」は有名だが、同じ市内の垂水《たるみ》という地名は、明石海峡に迫った山からいくつも滝が落ちていたことに由来するとされ、現代語の滝にちなむ地名は、むしろ垂水（たるみ・たるみず）が多い。

滝の記号は前述の通り「棒に二点」が基本形として凡例に載っているが、この記号より実物が大きいものについては、水が轟々と落ちて白煙を上げる範囲に点々を散りばめる方法が採られている。これはあまり知られていないが、たとえば右の上図にある屋久島の「千尋滝《せんぴろのたき》」は、点が一一個も描かれているし、そのすぐ上流の滝も八個。滝のかかる安房《あんぼう》川が迂回する中島権現岳の北東に見える無名の滝が標準サイズの記号で示されているが、これに比べればその規模の大きさがわかる。

ついでながら、この川に沿った線路は「特殊鉄道」という今ではあまりお目にかからなくなった記号で、登山道としても使われている安房森林軌道の線路だ。国内の森林鉄道（軌道）は大半が廃止されているので、この記号で表わす対象といえば、もっぱら製鉄所構内などで資材運搬用に活躍する専用鉄道くらいだ。

右の下図は大分県豊後《ぶんご》大野市にある原尻《はらじり》の滝である。記号の線が彎曲しているのが特徴的で、要するに滝が流れ落ちる部分がこのように半円形を成しており、幅約一二〇メートルの全体から轟々と水が流れ落ちる様子から「大分のナイアガラ」などとも呼ばれている。周囲が水田の広がる穏やかな地形であることから、突如として現われる滝の風景は印象的だ。

場所は阿蘇山の北東にあたることから、この巨大カルデラ火山の火砕流台地が続いており、溶けて固まった柱状節理をなす溶結凝灰岩《ようけつぎょうかいがん》が、その垂直方向に入った割れ目に沿って崩落するために滝が誕生した。ここに限らず、滝はきわめて微速ながら徐々に上流方に後退していく。この滝も下流側の川の両岸に「岩崖」の記号が連なっているのが、長年に及ぶ後退の証拠である。同じ大分県にあるナイアガラ型としては、玖珠《くす》町の三ヶ月の滝（三日月ノ滝）。ちょうど玖珠川が蛇行する箇所で、久大《きゅうだい》本線の北山田駅に向かって流れてくる絶妙なポジションに滝があるので車窓から正面に見える。

この他にも山の多い日本には知られざる無数の滝があって、よく地形図に載っていない「幻の大滝」の話が登山者から指摘されるが、地形図が空中写真をもとに作ることを考えればやむを得ない面がある。そんな滝を発見した時に国土地理院に通報するのもいいが、手元の地形図にひそかに滝の記号を書いて悦に入ってみよう。

用水・上水をたどる

江戸の人口は遅くとも一九世紀には一〇〇万人を超えていたとされ、世界最大の都市であったとも言われる。その膨大な人口を養うためには相応のインフラが不可欠であるが、中でも飲み水は重要な要素で、当初まだ人口一〇数万の慶長の頃は赤坂の溜池《ためいけ》（現在も駅名・交差点名などに残る）でまかなっていたが、その後の発展に伴って神田上水が神田川から引かれるようになり、それでも足りずに建設されたのが玉川上水である。

玉川上水は文字通り玉川（多摩川。当時はどちらの表記も使用）から水を江戸まで引いてくるものであるが、現在の世田谷区や大田区あたりから引いたのでは標高が低すぎて江戸まで持って来られない。そもそも近世までの上水は、水源の水をその都市の最高地点まで引き、そこから市内各地へ自然流下させるのが原則である。そしてなるべく高度を下げずに遠くまで安定的に流すのが使命であるから、一七世紀前半の江戸の最高地点である四谷大木戸《おおきど》（新宿御苑《ぎょえん》の東端あたり）の海抜約三五メートルへ水を導くためには、正確な水準測量による厳密なルート選定が必要であった。

玉川上水の取水口に選ばれたのは、四谷大木戸を西に隔てること四三キロも遠方の多摩郡羽《は》村《むら》（羽村市）の多摩川左岸である。そもそもどうして江戸の最高地点がわかったのか、近世の測量術に疎い筆者には想像もつかないが、そこへ向かって広大な武蔵野のまん中を貫く長い開《かい》渠《きょ》の堀が建設された。現福生《ふっさ》市では水が地中に吸い込まれてしまう「水喰土《みずくらいど》」にあたり、一部区間の掘り直しを余儀なくされるなど苦労があったというが、承応三年（一六五四）に江戸までの通水に成功している。

昨今では詳しい標高データが国土地理院によって公表されているので、操作に通じた人なら標高ごとに色分けした地図をパソコンで簡単に作れるようになった。（一財）日本地図センターが印刷図として刊行している二万五千分の一の「デジタル標高地形図」（令和元年八月末現在品切れ・五万分の一は在庫あり）でこれを見ると、改めて標高の高いところを巧みに選びながらルートが選定されたことがわかる。特に武蔵野台地の中でも標高の高い「下末吉面《しもすえよし》」に属する淀橋台の尾根をきちんと選んでいるのはさすがだ。淀橋台の西端に近い桜上水（まさに玉川上水の桜に由来する）付近からは甲州街道に沿って東流、上水の橋にちなむ代田橋《だいたばし》を経て笹塚（甲州街道の一里塚に由来）付近では北側から入り込む神田川の支流の谷を南に大迂回する。ここでは少しの間だけ街道から外れるが、それ以外は甲州街道にぴったり沿って新宿駅の南口で山手線・中央線の下をくぐり、新宿御苑の北縁をたどって四谷へというルートだ。

武蔵野台地の中でも淀橋台は桜上水あたりを西端の頂点として江戸に向かう末広がりの三角形をなしているが、その北側の辺の終点が四谷とすれば、南側の辺を流れる分水が三田上水（後の三田用水）である。開削は玉川上水が通った一〇年後の寛文四年（一六六四）で、こちらは笹塚駅の南の現在の渋谷・世田谷区境付近で玉川上水から分水、そのまま渋谷区の西端に沿って目黒駅まで南下、そこから東へ折れて白金台《しろかね》へ向かうもので、終点は三田である。

標高で色分けした地図の普及が手伝って、東京の地形が最近にわかにクローズアップされ、その凸凹をたどる人が急増しているが、上水沿いに植えられた桜並木が、花見客によって土手をしっかりと踏み固めさせる当時からの戦略などという話も含めて、今さらながら三六〇年以

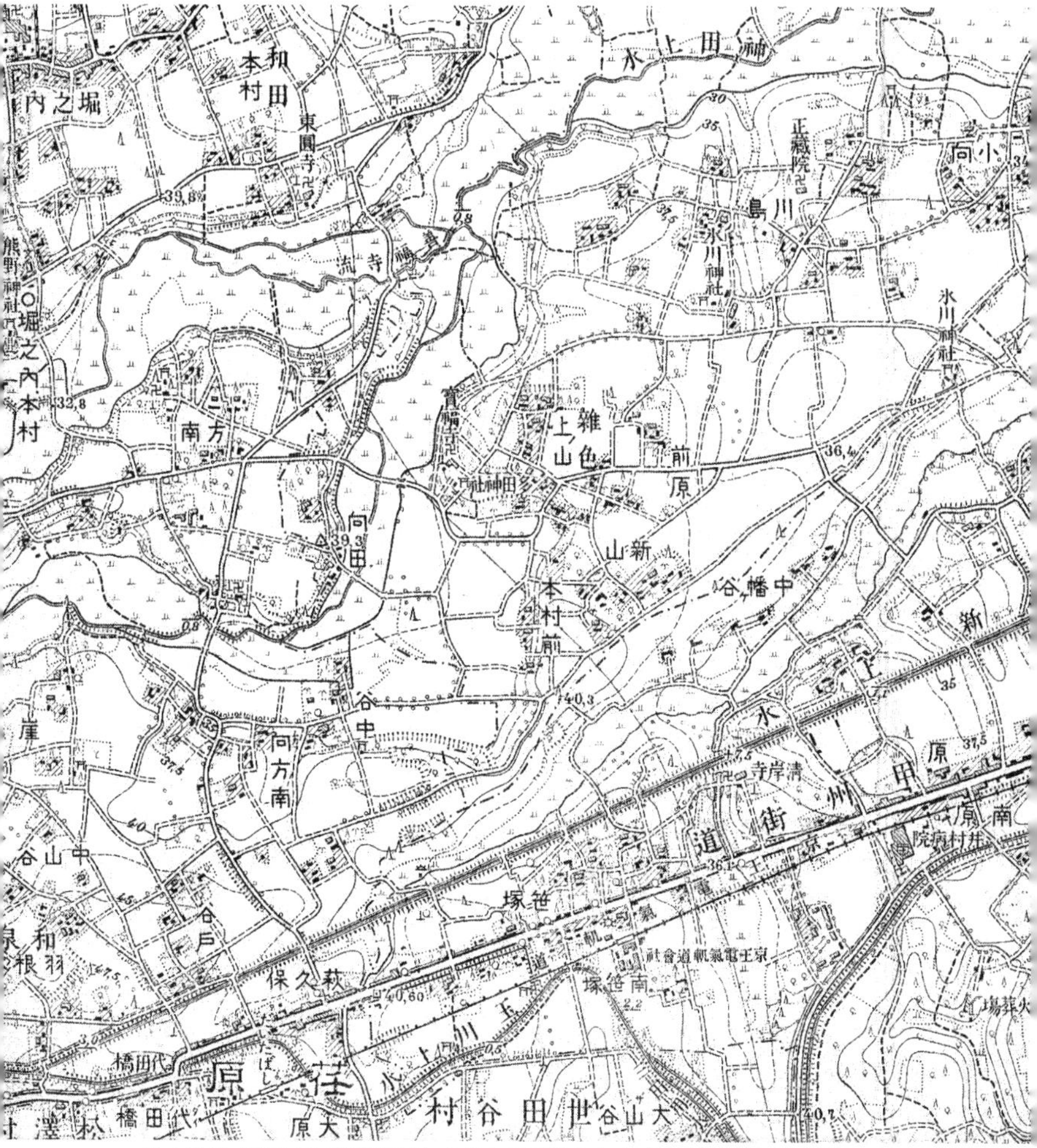

代々幡村（現渋谷区笹塚付近）を流れる玉川上水は「尾根」に沿って屈曲している。中央の直線的な水路は明治31年（1898）に淀橋浄水場へ供給するために建設された新上水。図の北端には神田上水（神田川）も見える。京王線はまだ開通して間もない。1:20,000「中野」大正4年鉄道補入

上前の先人の偉業に脱帽するしかない。

低きに流れる上水と用水

水は高い所から低い所へと流れていく。当たり前のことであるが、人工水路を作る設計者にとっては大変な現実だ。上水といえば最も有名なものは玉川上水だろうか。江戸時代の初期に、世界でも稀な巨大都市となる江戸に飲料水を安定的に供給するため、多摩川のはるか上流に位置する現在の東京都羽村《はむら》市に取水堰を設け、そこから四谷の大木戸まで延々四三キロの人工河川を掘削した。

もちろん自然流下であるから、標高一二八メートルの羽村取水堰から三五メートルの四谷大木戸まで、この距離にしては標高差わずか九三メートルであるから平均勾配は約二・二パーミル、つまり一〇〇〇メートル進んで二・二メートルしか下がらない緩い勾配である。上水は武蔵野台地の上を直線的に流れているが、巨大な「古多摩川」の扇状地であるがゆえに微妙に中央が高い形をしており、上水はその「尾根線」に近いルートをたどることになった。このため南北どちらにも分水できる好条件となり、その後は野火止《のびどめ》用水や千川用水、三田上水（後の用水）の分水が行われている。

一般に上水・用水は取水堰から目的地までなるべく高度を下げないのが肝要で、玉川上水も、

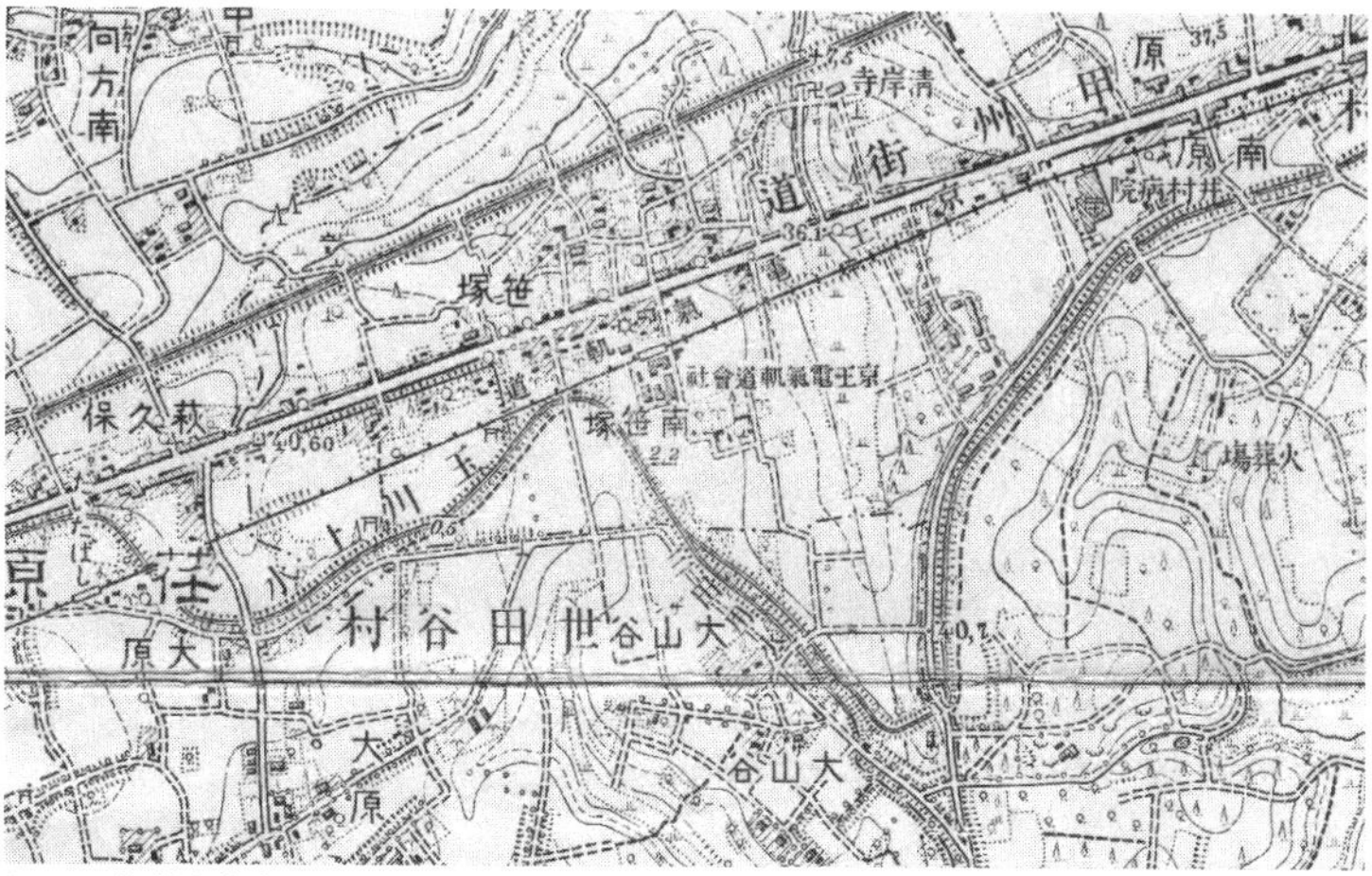

江戸の飲料水をまかなった承応３年（1954）完成の玉川上水は、谷を避けるため南へ大きく迂回する。1:20,000「中野」大正４年鉄道補入＋「世田谷」大正２年鉄道補入

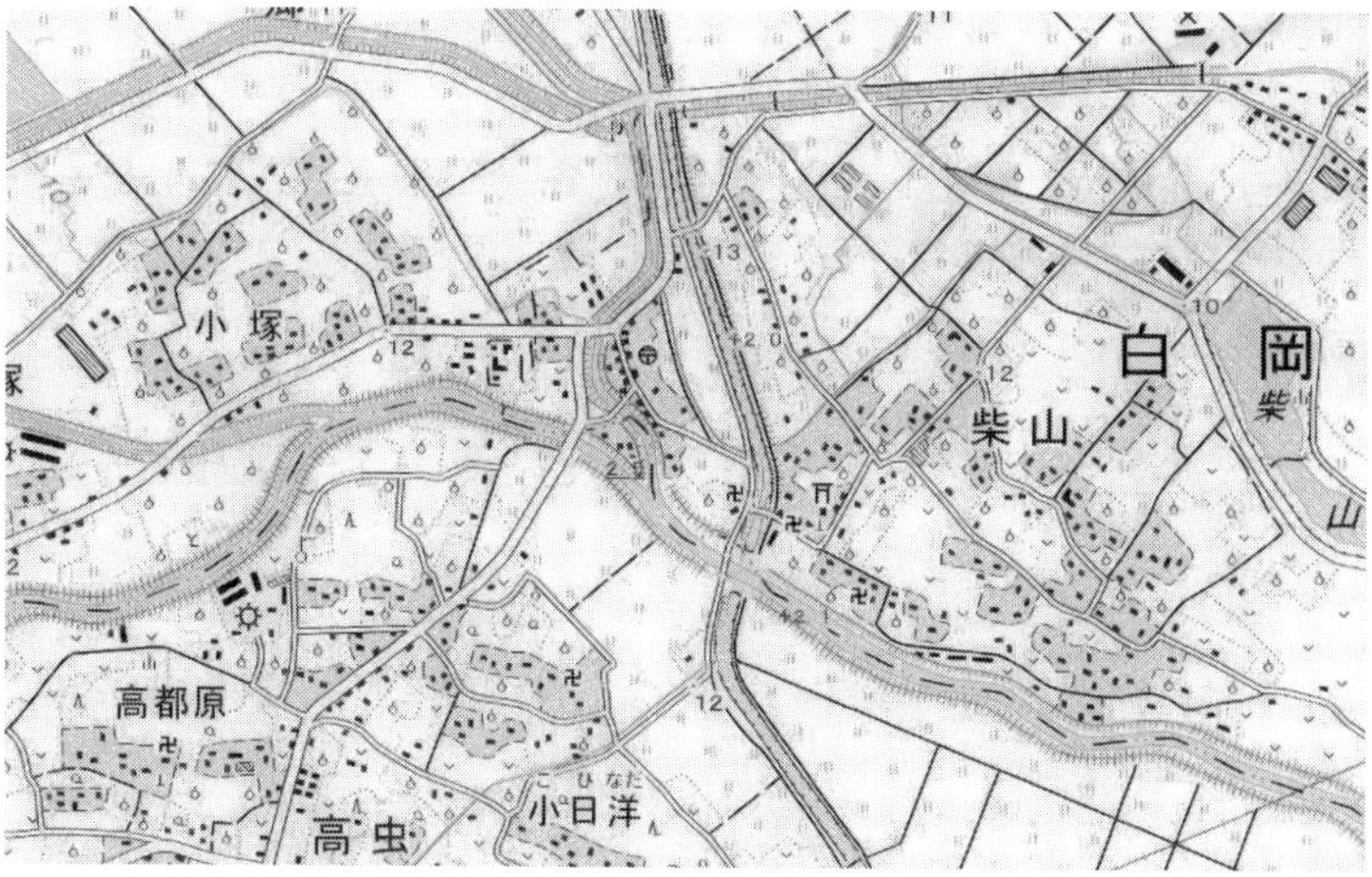

元荒川の下を見沼代用水（南流）が柴山伏越（ふせこし）でくぐる。1:25,000「鴻巣」平成 17 年更新

東へ行ってもあまり高度の下がらない地形を模索した結果、「淀橋台」という最も高い台地をたどったために江戸の広い範囲に給水することができた。高度を下げないといっても古代ローマ水道のような巨大な石橋を架けたわけではなく、谷が片側から迫ってきたら反対側に逃げるという方法をとっている。特に現在の渋谷区笹塚付近では神田川水系の支流の谷が深く入り込んでいるため、上水は前頁の上図のようにさらに南側の台地上を大きく迂回して谷をやり過ごした。

武蔵野台地は約二パーミルの「緩勾配」とはいえ実は急な方で、沖積地の広がる関東平野には一パーミルに満たない用水が無数に存在する。こちらも広い灌漑面積を確保しようとすれば、長い距離を流れても高度を下げない工夫が必要で、やはり江戸初期から急速に発達した土木技術によって長距離送水が可能になった。

問題となるのは同等の高さを流れる自然河川や他の用水との関係である。たとえば用水が川の向こう側へ行きたい場合など、立体交差するしかない。もし河川に合流させてしまえば、そちらの流量に影響されて安定しないので、伏越《ふせこし》または懸樋《かけとい》（掛樋）というサイフォンの技術が用いられた。前頁の下図は埼玉県蓮田《はすだ》市と白岡市の境界を流れる元荒川と見沼代《みぬまだい》用水の立体交差で、用水の方が伏越でくぐっている。ちなみに江戸期の懸樋は木材を隙間なく組み合わせて気密性のある構造で水を上げたという。図に見えるのは柴山伏越で、見沼代用水を開削した井沢弥惣兵衛為永が「紀州流」という技術で享保一二年（一七二七）に作ったものである（その後は改修して現在に至る)。井沢は紀州徳川家に仕えていたが、紀州家出身の徳川吉宗が将軍になって江戸に招かれ、関東各地の河川や新田の普請に数多くたずさわった。

見沼代用水はずっと下流で綾瀬川を瓦葺《かわらぶき》伏越(瓦葺は上尾市の地名)でくぐっているが、かつては懸樋であった。明治期になって強度を高めるため木樋から煉瓦造りに変更されたのだが、綾瀬川で増水があると樋の橋脚に木の枝などがかかって流れを阻害し、橋脚が流されて破損したこともあり、昭和三六年(一九六一)に伏越に変更されている。歴代の地形図を見ると、その年の前後で川の上下関係が変わっていて興味深い。

地図に描かれた溜池

東京の赤坂に溜池山王《ためいけさんのう》という地下鉄の駅がある。東京メトロ南北線がここまで到達した平成九年(一九九七)に開業したものだが、戦前からある銀座線に接続して設けられたので、銀座線では最も新しい駅となった。町名としては昭和四一年(一九六六)に赤坂溜池町がなくなり、赤坂二丁目の一部となって久しいのであるが、知名度の高い溜池交差点のためか駅名として復活した形である。

溜池の地名はかつてここに実在した瓢箪形の溜池に由来し、武蔵野台地を刻む谷からの湧水を東側で堰き止めたものであった。浅野幸長《よしなが》が慶長一一年(一六〇六)に造成、江戸市街が立ち上がった初期の頃はこの水が上水として使われていた。本格的な上水道である玉川上水が開通した後は無用となり、一部が埋め立てられるなどして明治中期には完全に陸化している。

日本に現存する溜池は全国に二〇万か所あるとされ、農水省によればそのうち五六パーセントが瀬戸内海に面した府県（大阪府を含む）に集中している。その理由としては降水量の少なさが挙げられるが、それに加えて流域の狭い川の周辺地域に目立つ。これは流量が安定しないことへの対策である。たとえば香川県は南端に讃岐山脈があるため、瀬戸内海へ北流する川は必然的に流域面積も小さく、しかも上流の山が花崗岩質で砂礫の堆積が多いために水が伏流して「涸れ川」になっている。予讃線の列車でこれらの川を渡る際には、流水がまったく見られないことも多い。

左の図はその代表的な「涸れ川」である香川県の土器《どき》川とその左岸側で、この地域に溜池が必須の施設であることが一目瞭然だ。このうち宝幢寺《ほうどうじ》池は隣接する辻池と仁池《にいけ》を含めて総称されるもので、天和《てんな》年間（一六八一〜八四）に高畠与右衛門景吉が築造したとされる。池の名は七世紀の白鳳時代に建立された讃岐で最古級の寺院に由来し、その跡地に作られたという。近くの桝《ます》池や八丈池などは江戸期の築造だ。地形図での溜池の表現として特徴的なのは土堤が描かれることで、この地域では北が下流側なので、そちらのみ土堤が描かれていて水を溜めている状況がわかる。この表現は最新の四色刷り二万五千分の一地形図（平成二五年図式・地理院地図）では多くが省略されてしまったので残念だ。

香川県の讃岐平野を流れる土器川とその流域に多く見られる溜池群。この地域の土器川は緩い扇状地で水が伏流するため「涸れ川」の表現となっている。ここに見られる溜池はおおむね江戸時代に築造された。1:25,000「善通寺」平成18年更新

都道府県単位で溜池の数が最も多いのは兵庫県で、その数四万三二四五（平成二六年農水省調べ）と第二位の広島県の倍以上であるが、その多くはやはり瀬戸内海側の播磨《はりま》東部に集中している。具体的には明石市、加古川市、稲美《いなみ》町あたりが中心だ。古くから開けたこの地域での溜池の歴史は古く、山陽本線土山駅にほど近い天満大池《てんまおおいけ》は七世紀に遡り、この時期の文書にある「岡大池」がこの池の前身と推定されている。

同じ兵庫県の伊丹市にある昆陽《こや》池も奈良時代の天平三年（七三一）の築造と古いが、こちらは行基が築造したという（行基や弘法大師の築造という伝承は各地の溜池にある）。かつては五〇ヘクタールあったのが昭和三五年（一九六〇）からの埋め立てにより現在では約一五ヘクタールと三分の一弱になっているが、大都市圏では戦後になって農地の減少と住宅地需要の激増に伴って溜池を埋め立てて宅地や公共用地とする例も少なくない。昆陽池と同時期に作られ、かつては隣接していた千僧《せんぞ》今池も今ではそのごく一部だけが残っているが、かつての水面は昭和四三年（一九六八）に伊丹市が買収して埋め立て、そこに今は市役所や浄水場、市立博物館などが建っている。

砂のクチバシ──砂嘴

横浜市は人口約三七五万（令和元年七月）を数え、今や第二位の大阪市に一〇〇万人の差を付ける日本最大の市である。しかし江戸時代に世界初の米の先物取引市場が開かれた商都・大阪（大坂）と違って、幕末までの横浜は文字通りの寒村であった。幕末の地誌『新編武蔵風土記稿』によれば家数わずか八七軒とある。米国から神奈川での開港を迫られた際に、東海道のこの宿場町で開港した場合の混乱を考えて幕府が提案したのが、当時は湾を隔てて対岸にあった横浜村であった。

現在の横浜からは想像しにくいが、横浜駅のあるあたりから海岸線は西側に大きく湾入していたため、横浜と神奈川の間は船で渡るか、だいぶ遠回りする必要があったのである。ここを初めて陸続きにしたのが明治五年（一八七二）に新橋〜横浜（現桜木町）間に敷かれた鉄道で、海中に土石を投じて築堤としたのが高島嘉右衛門。高島町（現在の町名は高島）はその名に由来する。

ここだけでなく、伊勢佐木町《いせざきちょう》など旧市街の多くを占める一帯も、江戸初期に吉田新田として埋め立てられるまでは海だった。その湾の入口を半ば塞ぐように、現在の元町あたりから桜木町を目がけて細長い砂嘴《さし》が伸びていた（当時は洲干島《しゅうかんじま》と呼んだ）。砂嘴とは砂が文字通りクチバシ状に海中に突き出した地形で、近場の崖を洗い削った沿岸流がその削った砂を堆積させてできた。この砂嘴こそが横に突き出す浜―「横浜」の地名の由来とされ、その付け根にあった八七軒の家の場所が、その名も「元町」である。

砂嘴はもちろん昔の横浜だけでなく各地に分布しており、日本で最も有名なものといえば現静岡市清水区の三保の松原だろうか。この砂嘴の「供給元」は安倍川《あべかわ》が南アルプスを削ってもたらした大量の土砂と、日本平で知られる有度山《うどやま》の崖を削った土砂で、特に市街化の進んでいない明治期の地図を見ると自然の造形の見事さに見とれてしまう。戦後になって安倍川で砂利が大量に採取され、また流域での砂防工事などの影響で土砂の供給量が減ったために、一時期は砂浜が痩せたこともあったが、安倍川の並外れた土砂供給力のおかげで昨今では砂浜も回復しつつあるそうだ。ただし市街化では松原の面積が減少、また多くの松の木が枯死するなど、いずれにせよ昔ながらの姿を保つためには悩みの種が尽きない。

日本最大規模を誇る砂嘴が北海道の野付崎《のつけさき》である。こちらは清水と違って圧倒的に人が少ないこともあって、今に至るまでほぼ自然のまま成長できたようで、クロソイドカーブか放物線を思わせる曲線がいくつも重なった海岸線は芸術的でさえある。

対照的にミニサイズで屈曲しているのが図に見える天草下島《あまくさしもしま》の曲崎《まがりさき》（熊本県苓北町《れいほくまち》。かつては巴崎とも）で、この砂嘴に抱かれた形の富岡港は天然の良港として知られていた。その形の通り、古くからこの湾は「袋」と呼ばれたようで、一六世紀のイエズス会士の書簡にも「フクロと称する地に赴き、わが聖教のことを説き」と記されているという。富岡港のある土地はかつて離島であったが、天草下島から少しずつ突き出した砂嘴によって最終的に繋がった。

砂嘴は対岸に繋がった段階で砂洲《さす》と名を変えるが、島と繋がった砂洲のことを特別に陸繋砂洲《りくけいさす》（トンボロ）と呼んでいる。同類では最も有名なのが函館の市街地だろうか。かつて独立し

陸繋砂洲の上に発達した富岡の街並みと、港を包み込むように文字通り曲がりつつ伸びた砂嘴の「曲崎」。1:50,000 地形図「口之津」昭和 62 年修正

た島であった函館山と渡島《おしま》半島の本体を繋いだ砂洲の上に発達したため、函館山から見れば、特に夜景など扇のように北へ末広がりした市街地が美しく俯瞰できる。和歌山県最南端の串本町の旧市街も同じように潮岬《しおのみさき》と紀伊半島を結んだ陸繋砂洲だ。

島を陸に繋ぐ砂洲「トンボロ」

島と陸は、ほど近い距離であれば時間の経過とともに繋がることが多い。もちろん海流や水深などの条件で異なるのは言うまでもないが、ほどよく浅い海で距てられている場合は、ほとんど繋がってしまうのではないだろうか。たとえば山陰の島根半島はかつて離島であったが、弓ヶ浜（夜見ヶ浜）や出雲平野を形成した砂洲によって本土と陸続きになった。この接続プロセスは「国引き神話」として今に語り継がれている。他にも海岸沿いの地図を眺めてみれば、そのような「引き綱」で陸に繋がれた島は数多いが、このような島のことを文字通り陸繋島《りくけいとう》と呼び、それを陸に結びつけた「引き綱」をトンボロ（陸繋砂州）と称する。

トンボロはイタリア語で「塚」とか「小山」、「砂丘」という意味がある。英語で言えばmound。時に「長い枕」を指すこともあるようだ。それが砂洲に用いられるのはあまり実感が湧かないが、砂が堆積してあちらとこちらの陸地が繋がれたのが、ひょっとして長枕のイメージなのかもしれない。海外に目を向ければ、インドとスリランカ（セイロン島）を結ぶ長さ四八キロにも及ぶ「アダムズ・ブリッジ」という大きなものもあれば（現在はバラバラに途切れている）、数一〇〇メートル単位のミニサイズまでスケールはさまざまだ。

海に距てられた陸と島（または島と島）の間に砂洲が発達する理由は、岸に沿って流れる「沿岸流」が砂礫を堆積させるからである。その砂礫の供給地は、近くでせっせと削られた崖などの陸地だ。トンボロが完成するまでには長い時間がかかるが、陸から島に向かう沿岸流はまず、島を向いて尖った砂の岬を形成し、それが徐々に成長して砂嘴《さし》（文字通り砂のクチバシ）となり、やがてはその先端が島に達してトンボロが完成する。

沿岸流は両方向から砂を寄せ集めるので、「完成品」は弧を描く二本の海岸線の中央がきれいにくびれた形を成すことが多い。島の多くが山がちの地形であることから、貴重な平地であるトンボロの上にはしばしば市街地が形成され、たとえば函館の旧市街はその典型だ。陸繋島である函館山の上から俯瞰した夜景は多くの観光客を集める絶景であるが、暗く沈んだ左右の海と光り輝く市街地の間に引かれた二本の弧状のラインがくっきり浮かび上がり、これが夜景を引き立てる格好のアクセントになっている。

次頁の上図は山口県萩市の北東側に位置する笠山《かさやま》であるが、その付け根が越ヶ浜《こしがはま》の集落だ。これも典型的なトンボロで、函館よりはるかに小さいながら家並みが密集している。トンボロの西側に見える明神池は、トンボロが形成される中で取り残された海面なので、小さいながら海跡湖（ラグーン）に分類される。海が間近なため水の出入りがあって潮の満ち引きもあり、

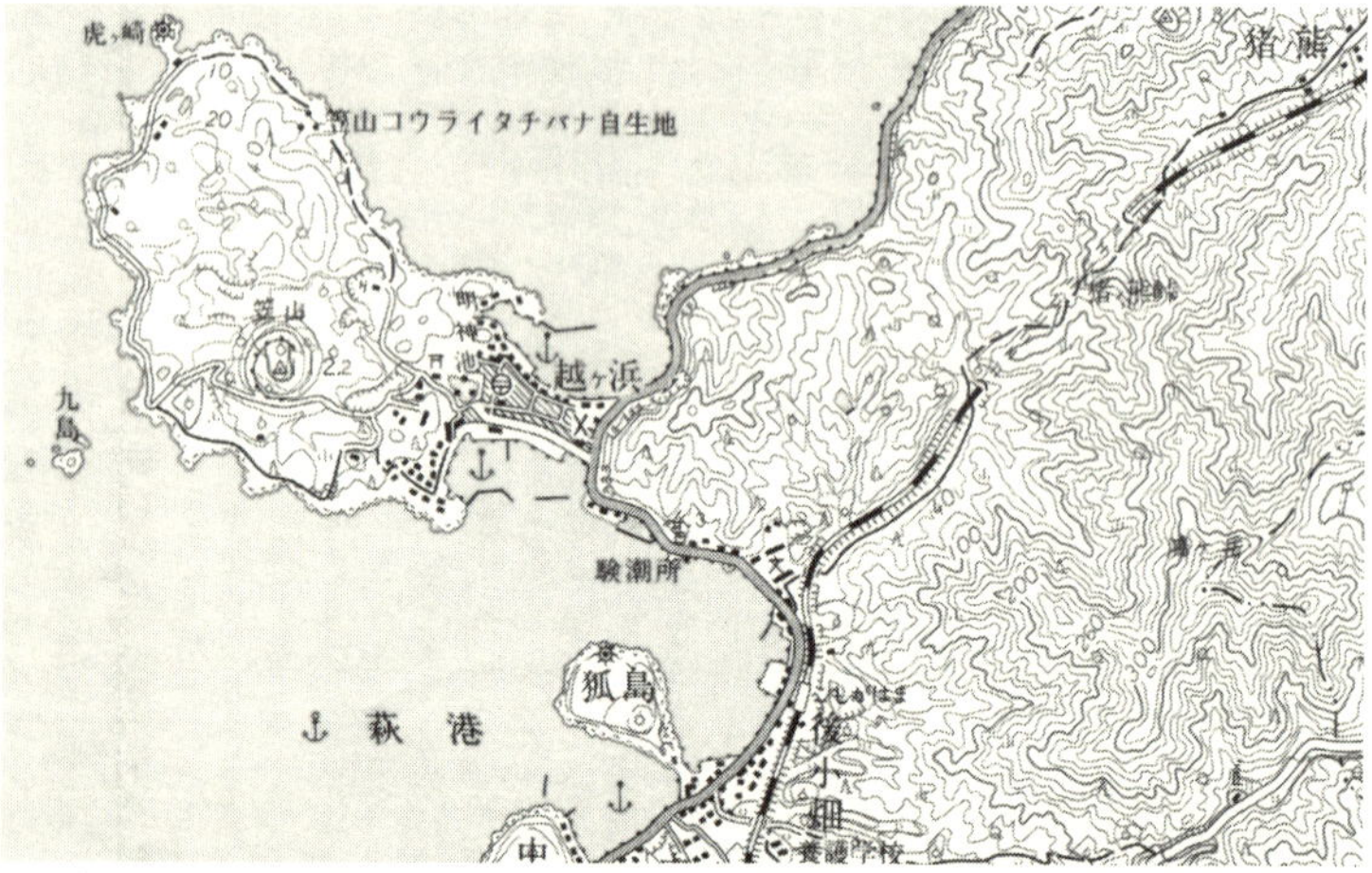

低いながらもレッキとした火山の笠山と本土を繋ぐトンボロ上には越ヶ浜の集落。1:50,000「萩」平成元年修正

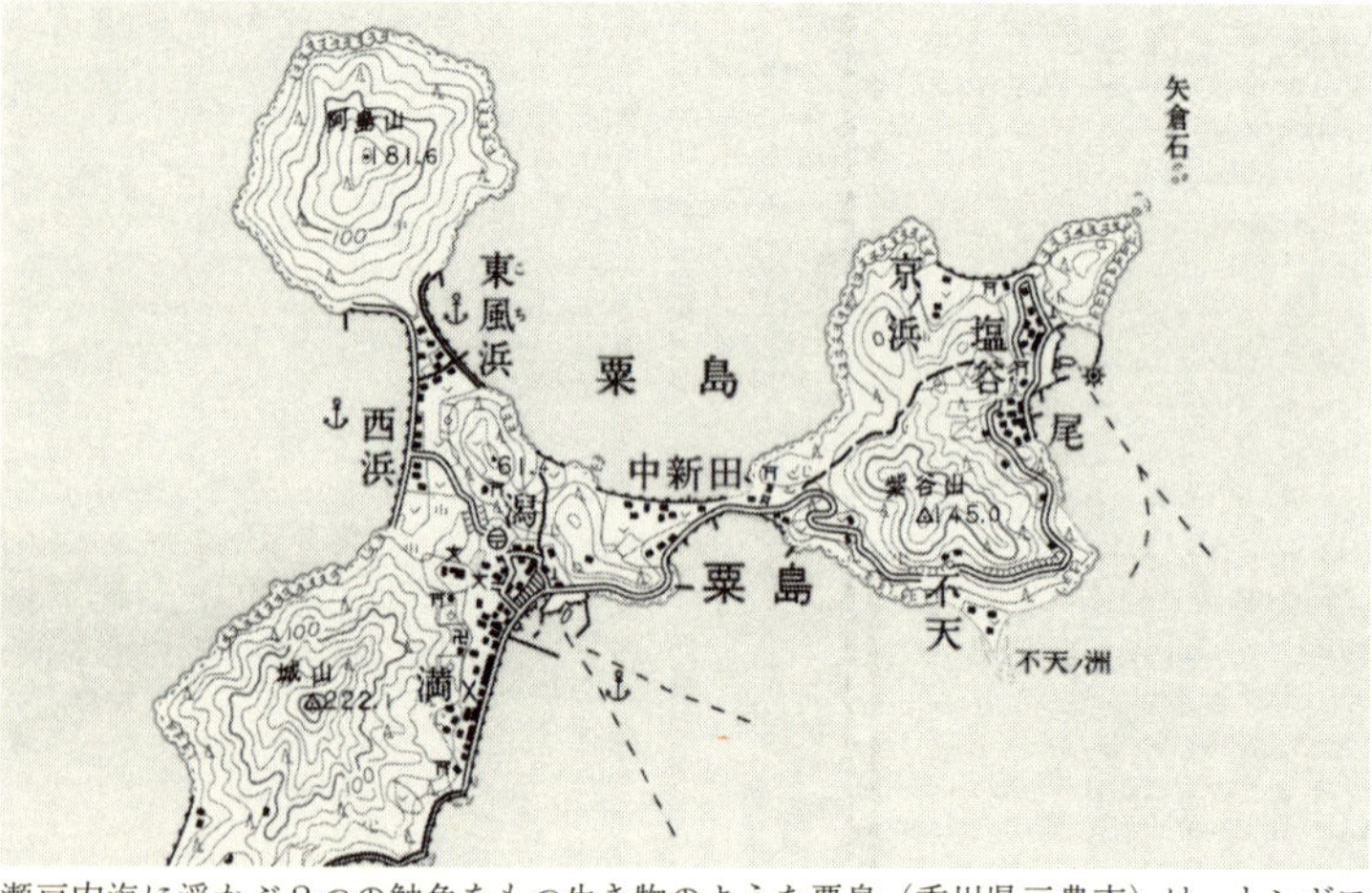

瀬戸内海に浮かぶ２つの触角をもつ生き物のような粟島（香川県三豊市）は、トンボロが造った芸術作品。1:50,000「仁尾」平成２年修正

池にはマダイやボラ、コチ、スズキなど海の魚が泳いでいるそうだ。

笠山は標高約一一二メートルという低い山であるが、立派な火山である。一万一四〇〇年前の噴火で形成された溶岩台地の上に、八八〇〇年前にスコリア（軽石のような噴石）が吹き上がり、堆積してできたスコリア丘だ。頂上には明瞭な噴火口があって、周囲の遊歩道から階段で中に入ることもできる。周辺には狐島（上図の下部）や中ノ台など火山活動でできた島がそれぞれトンボロで結ばれた地形が連続していて、興味深い景観である。

トンボロは時に島どうしを繋ぐ。下図に見える香川県西部の三豊《みとよ》市にある粟島《あわしま》は、南西側の「本体」の島に、北側の阿島山《あしまやま》のある丸い島、それに東側の柴谷山《しきやさん》（紫谷山）のある島がそれぞれトンボロで結ばれてできた。このため上から見ると、まるで丸い触角を二つ生やした奇妙な生き物のようにも見える。見事な天の造型である。

地図で味わう鉄道

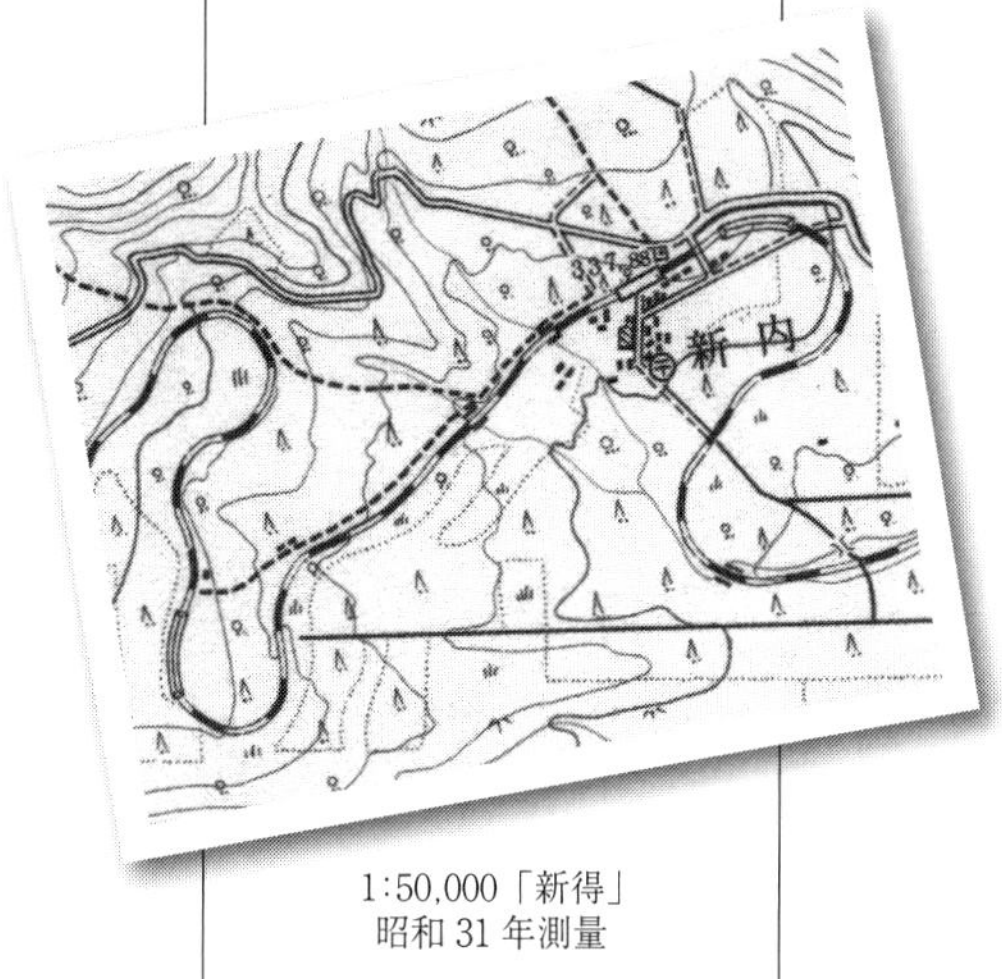

1:50,000「新得」
昭和31年測量

列車はカーブしてから川を渡る

電車に乗っていて、ある程度以上の川を渡る時に大きくカーブすることは珍しくない。そして渡り終えた後はたいてい逆側にカーブする。そんな区間では往々にしてまぶしい場面があるのでブラインドがあちこちで下ろされ、せっかく車窓を眺めたいと思っている旅行者には残念なこともあるが、そもそもなぜ線路は川の手前でカーブを曲がるのだろうか。

具体的に言えば、鉄道橋は川の流れに対してできる限り直角に架けられているため、その前後の区間で角度を調整するためにカーブするわけである。橋が川に対して直角である理由はまず構造上の問題だ。もし斜めに架ければ橋が長くなり、橋脚もそれだけ多く必要になる。洪水時にはそれらが流れを阻害して致命的な弱点となりかねない。併せて橋長が最短になれば経済的でもある。

新幹線ではスピード重視のため直進性が求められ、かなり斜めに渡る橋梁も見かけるが、鉄道路線の多くは戦前に建設されているので、地図でそれらの橋梁を見れば、なるべく直角に渡る努力をしているのがうかがえる。左の上図は京王電鉄京王線が多摩川を渡る区間だが、せっかく中河原《がわら》駅からほぼ西の八王子へ向けて発車したのに、半径二〇〇メートルほどのカーブで一一〇度ほど向きを転じて南南西へ進んで多摩川を渡る。しかし渡り終わった直後はカーブし

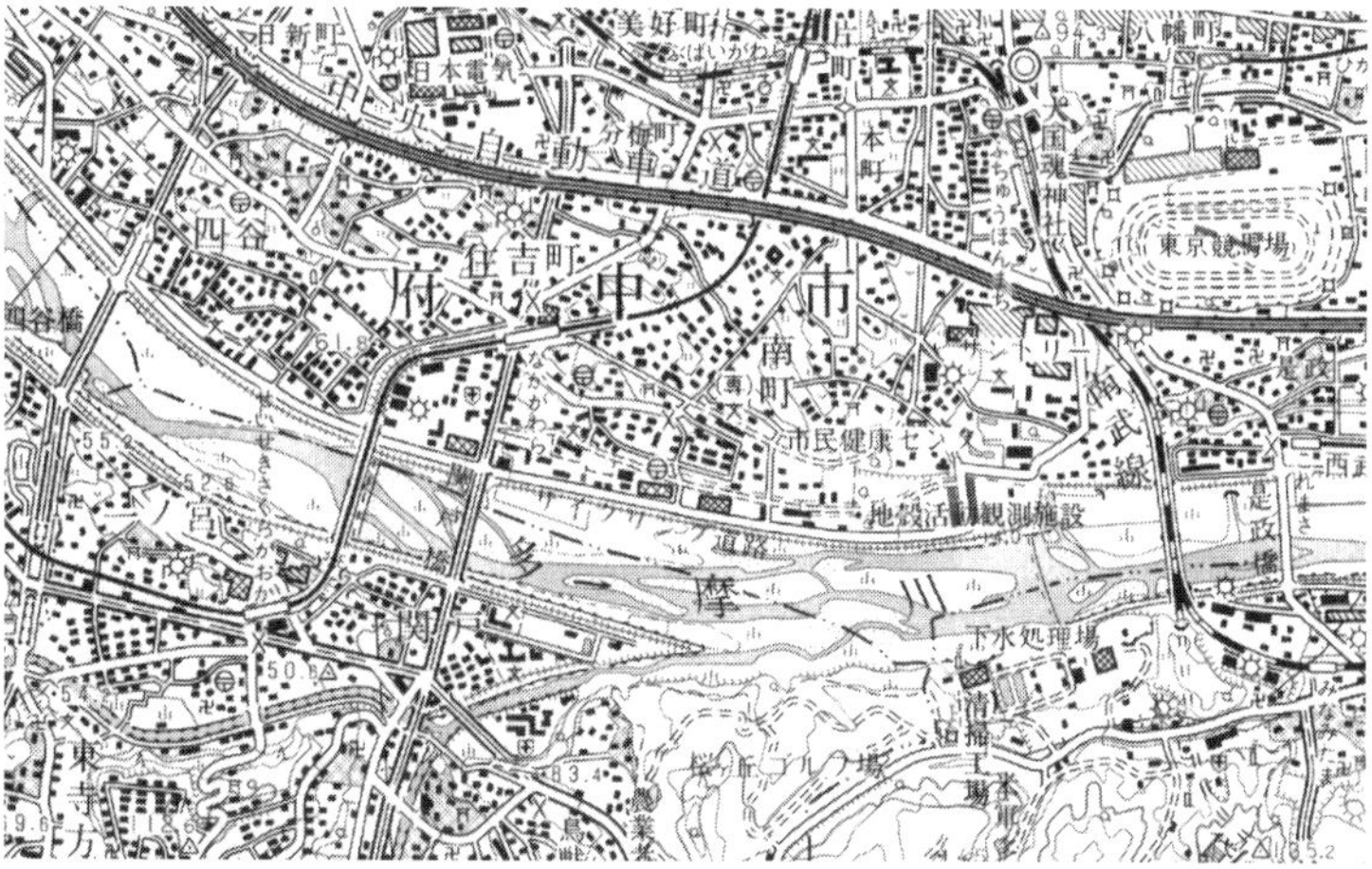

多摩川を直角に渡るためにその前後で屈曲する京王線。右方に見えるJR南武線も同様の屈曲がある。1:50,000「八王子」平成12年修正

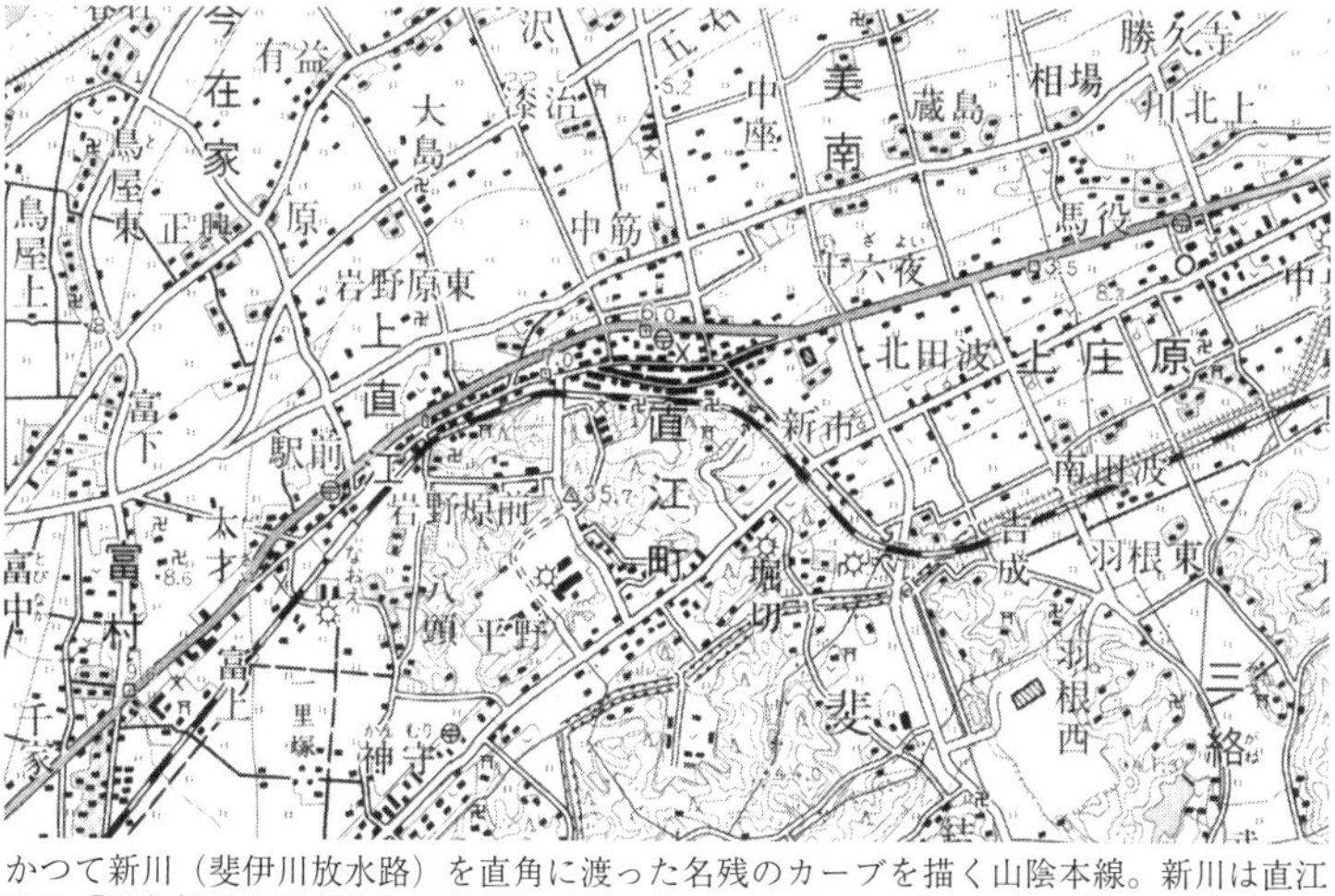

かつて新川（斐伊川放水路）を直角に渡った名残のカーブを描く山陰本線。新川は直江町の「町」付近を西南西から東北東へ流れていた。1:50,000「今市」平成9年要部修正

た聖蹟桜ヶ丘駅のホームを含む、これまた半径約二〇〇メートルの曲線区間で九〇度向きを変えて西北西へ向いてしまうのだ。

このため聖蹟桜ヶ丘をはさむ中河原〜百草園《もぐさえん》間の距離は、直線距離が二・四キロであるのに対して線路は三・三キロと四割増しに近い。特に戦前は架橋費用が他の区間の建設費と比べて割高であったため、私鉄にとっては大きな負担だった。多摩川への架橋費は当時の京王電気軌道にとって頭の痛い話であったため、そのためだけではないが地方鉄道向けの補助金を獲得すべく「玉南《ぎょくなん》電気鉄道」という別会社をわざわざ立ち上げたほどである。しかし新宿〜八王子間の中央本線の事実上の競合線と鉄道省から判断されたようで、残念ながら補助金は受けられなかった。

全国を見渡せば前後にカーブのある橋梁はいくらでも見つかるが、山陰本線には川を渡らないのにカーブして築堤を上り、またカーブして築堤を下っていく「渡らずの橋」で有名な鉄橋がある（前頁の下図）。出雲平野の荘原《しょうばら》〜直江《なおえ》間（島根県出雲市）の新川《しんかわ》橋梁で、その名の通りかつては本物の川が流れていた。「暴れ川」として古くから知られ、数限りなく洪水を引き起こしてきた斐伊《ひい》川の放水路として江戸末期の天保三年（一八三二）に開削されたのがその新川だが、土砂の堆積が想像以上に多かったため、たちまち河床が大幅に上昇してしまった。そのままでは危険なため、昭和一四年（一九三九）に廃川となったのである。

山陰本線がこの区間に通じたのは明治四三年（一九一〇）で新川がまだ現役の放水路であっ

た頃なので、当然ながら築堤を築き、線路を川の前後でカーブさせた。廃川後は本来なら線路をまっすぐにした方がいいのは当然ではあるものの、改めて用地買収するなどして大金をかけてまで短絡化するメリットは得られず、そのまま今に至っている。

廃川跡は道路と畑、宅地などとなっているので、轟々と音を立ててそれらの地域を渡るのは実に不思議な光景だが、気をつけていないとわからない。遠回りの上に勾配を無駄に上下する電気代も積もれば馬鹿にならないはずだが、一度敷いた線路を変えるのはなかなか難しいのである。

鉄道のトンネルを観察する

日本の国土は七割が山と言われるように、世界有数の山岳国である。そこへ線路を敷けばトンネルが多くなるのは当たり前だ。明治・大正の頃は土木技術の事情で、それほど簡単にトンネルを掘れず、しかし列車の重さや車両の性能などの都合で勾配は一定以下におさめなければならないから、ルートの選定には工夫を重ねた。厳選した経路を、時には迂回しながらなるべく標高を稼ぎ、最後の最後で峠を越える際に少し長めのトンネルをくぐってあちら側に抜ける、というのが一般的なやり方だったのである。

日本で最初に開通した鉄道の山岳トンネルは京都から大津へ向かう途中の逢坂山トンネルで、

開通は明治一三年（一八八〇）。長さこそ六六四・八メートルと短いけれど、以前に掘られた阪神間の三つの河底トンネルよりはるかに長く、しかも「お雇い外国人」に頼らず日本人だけで初めて完成させた記念碑的なトンネルとして「鉄道記念物」に指定されている。ただしその前後に急勾配区間があったため線路改良が行われることとなり、大正一〇年（一九二一）に新線の開通に伴って廃止された。

このトンネルが開通した後は、日本各地の峠越え区間に名だたるトンネルが掘削され、鉄道は陸上交通の主役を担っていく。たとえば明治三六年（一九〇三）に開通して以来、しばらく日本最長を誇った笹子トンネル（四六五六メートル・現上り線）をはじめ、二八年後にその長さを一気に倍以上に伸ばして日本一を更新した上越線の清水トンネル（昭和六年開通・九七〇二メートル）、空前の難工事で着工から一六年の歳月を要した丹那トンネル（昭和九年開通・七八〇四メートル）など、小説の題材になるほどのスターたちが、特に昭和に入ってから輩出している。

しかし一方で、それらの峠ほどは注目を集めないけれど、険しい峡谷を川に沿って抜ける際に山腹に穿たれる小さなトンネル群も、ルートを形成する地味ながら重要な存在であり、これらを忘れてはいけない。小トンネル群が集中している路線の代表的なものを挙げるとすれば、まず幹線では徳島県から高知県にかけてのＪＲ土讃《どさん》線、それに同じくＪＲながら、私鉄の三信鉄道として開通して戦時中に買収された飯田線が双璧であろうか。

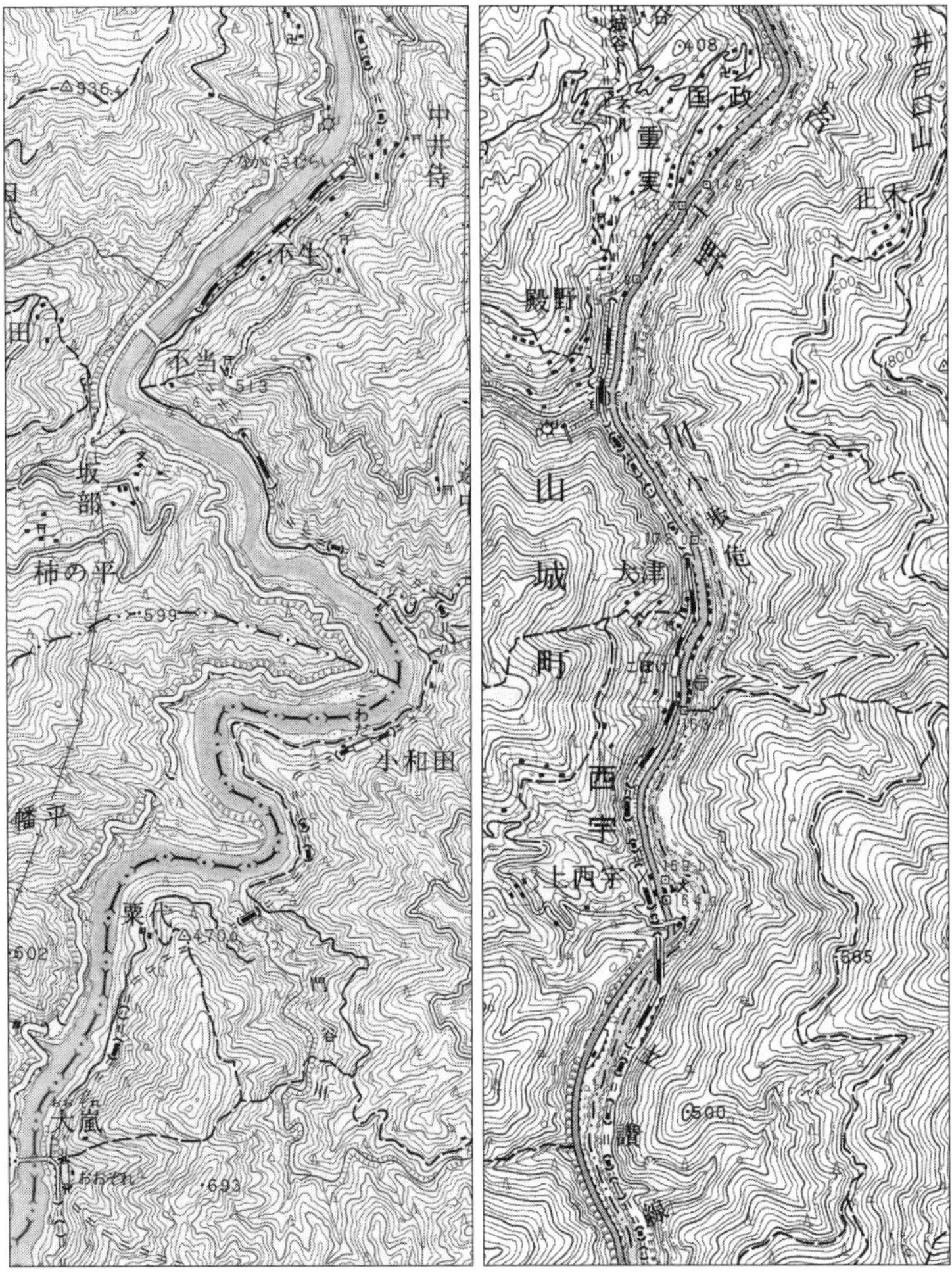

険しい峡谷をゆく2線。右は四国山中をゆく土讃線で、吉野川の難所大歩危・小歩危の険を多くのトンネルで抜ける（1:50,000「川口」平成14年要部修正）。左は天竜川に沿って走る飯田線。トンネルが多く難工事だった（1:50,000「満島」平成6年修正）。

いずれも難関コースで奇しくも昭和一〇年（一九三五）前後に開業したが、このうち土讃線の方は急峻な吉野川の峡谷にわずかな単線の平地を確保しつつ、地すべり地帯ならではの難工事を完成させ、大歩危《おおぼけ》・小歩危の難所を含む最後の区間である三縄《みなわ》～豊永《とよなが》間が昭和一〇年一一月二八日に開通した。これにより、沖縄県を除くすべての道府県庁所在地が鉄道と連絡船によって結ばれたという画期的な区間で、それだけここが難所であった証拠でもある。

もうひとつの飯田線は、その前身たる三信《さんしん》鉄道（三河川合～天竜峡）が電源開発を目的に敷設したもので、昭和一二年（一九三七）八月二〇日に静岡・愛知・長野の三県境が天竜川の水面で接する大嵐《おおぞれ》～小和田《こわだ》間の開通で全通した。こちらは天竜川の険しい峡谷を縫う路線で、あまりに険しい地形のため、その道のスペシャリストとして知られたアイヌ人測量技手の川村カ《か》子ト《ねと》が活躍したエピソードが知られている。ちなみに飯田線には現在全線で合計一三八か所ものトンネルがあり、その大半がこの三信鉄道の区間に掘られたものだ。

その険しい地形に敷設されたことにより、今でも飯田線には「鉄道でしか到達できない秘境駅」がいくつもあることで有名だ。土讃線も含めて、もし現在なら長いトンネルを一気に通してしまうだろうが、これらの川沿いの小トンネルが連続する区間の地形図を眺めていると、でき得る限りの技術を結集して成し遂げた「意志の力」をひしひしと感じる。

迂回する線路

鉄道の線路が不自然に迂回していることは少なくない。そのうちいくつかは有力議員や実業家が地元への利益誘導のために線路をねじ曲げた「伝説」として語られてきた。たとえば中央本線の甲府盆地のルートは、笹子トンネルから甲府までの間が塩山《えんざん》方面へ大きく迂回していることをもって、甲州財閥の大物実業家であった雨宮《あめのみや》敬次郎が地元に線路を引っ張った、いわゆる「雨敬回り」とされている。ところが実際には勝沼付近から甲府へまっすぐ線路を敷いてしまうと蒸気機関車が走れる勾配の制限を大幅に超えてしまうため、迂回は必須だった。もっとも南側を迂回することもできたわけで、完全に「雨敬回り」を否定することはできないが。

それだけ大規模な迂回はともかく、ちょっとした障害物を避ける迂回は各地で行われてきた。たとえば平地に突き出した山の先端部や既存の大きな建物などを避ける場合である。山であれば今ならトンネルでまっすぐ突っ切ってしまうのが当たり前だが、自動車というライバルも存在しなかった明治・大正期にあってはまったく珍しくない。北海道の道南いさりび鉄道（旧江差線）の上磯《かみいそ》駅の西側では明治以来のセメント工場（現太平洋セメント）を避けて延伸したため、あからさまな迂回路線となっている（次頁の上図）。

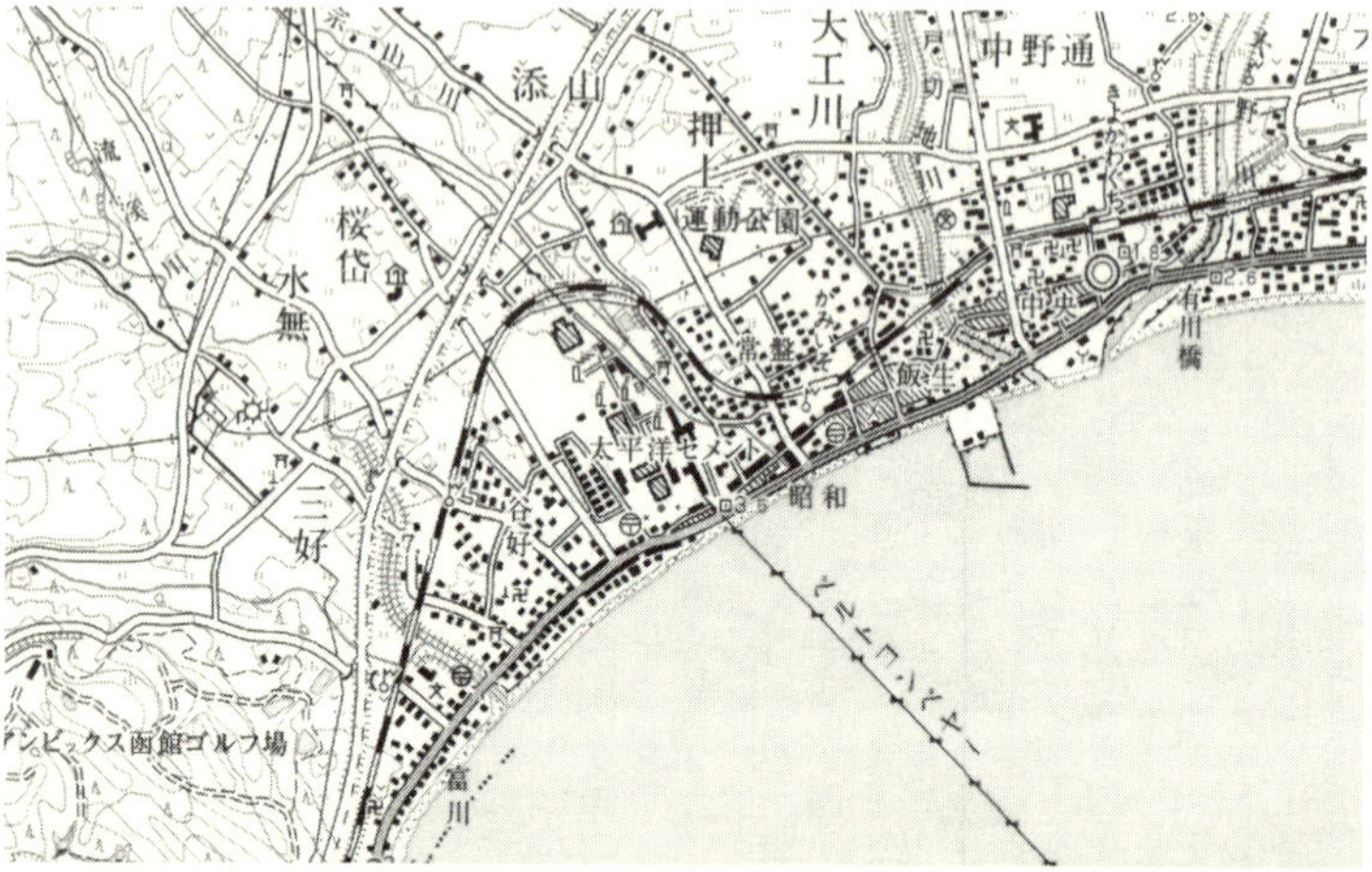

明治以来のセメント工場を避けるため、昭和５年（1930）に西側へ延伸した江差線（現道南いさりび鉄道）は大きく迂回した。1:50,000「函館」平成19年修正

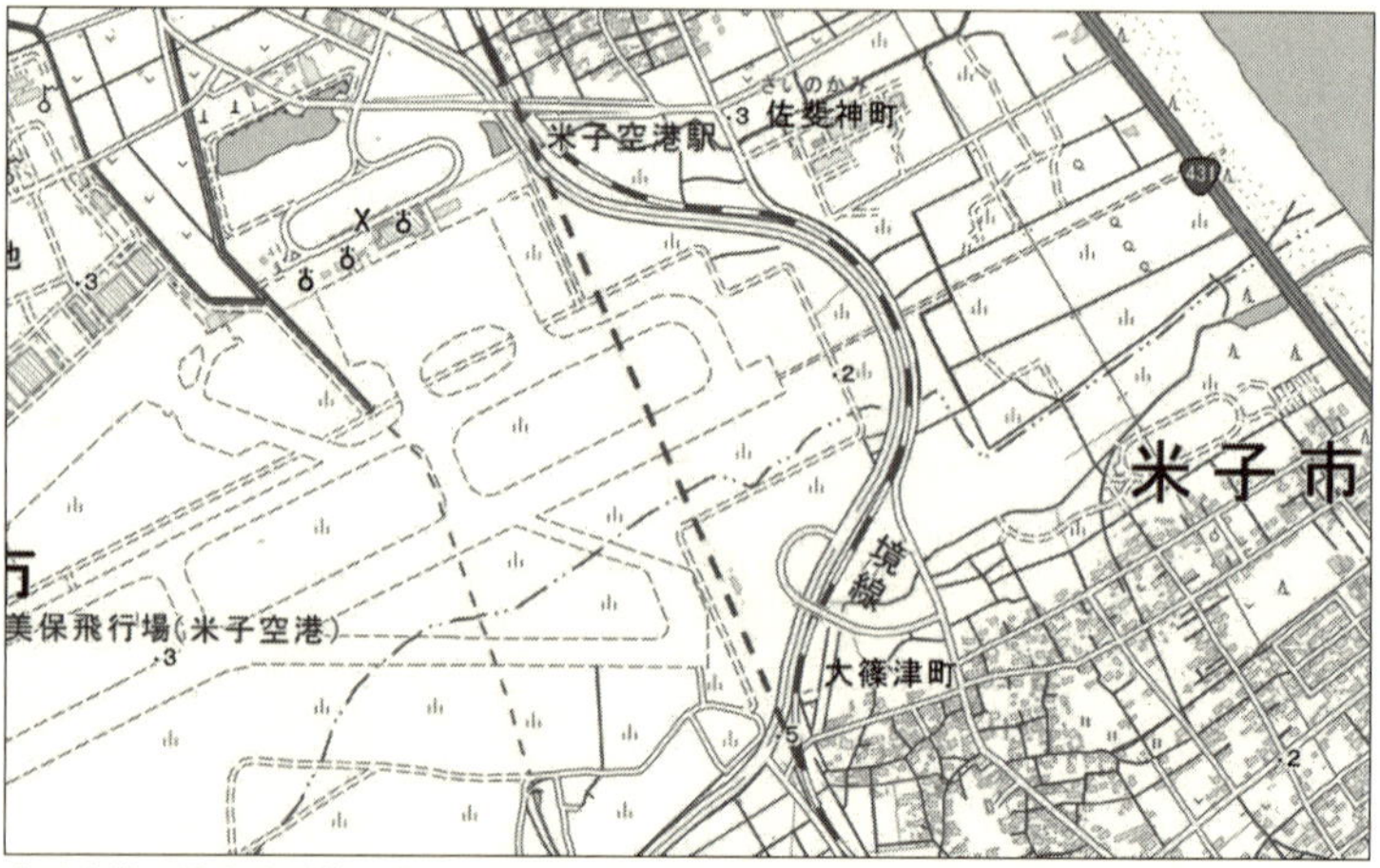

米子空港の滑走路延伸に伴って迂回した新線（破線は平成20年までの旧線を追加したもの）。地理院地図より令和元年８月25日ダウンロード。

まっすぐ通っている旧街道を線路が鋭角で交差する場合など、そのままだと踏切が長くなってしまい、また荷車などがレールと踏み板の間の溝にはまる危険もあるため、ある程度の角度を確保すべくS字カーブさせることもある。最も初期の事例では東海道本線が旧東海道と交差する沼津~原間（現在では片浜~原間）の交差で、この区間は明治二二年（一八八九）に開通した。このS字カーブによって角度はおおむね三〇度ほどに抑えられているが、さらに旧東海道の方でも渡る角度を少し変えることで、さらに五〇度ほどに補正されているため、実際にはそれほど鋭角の印象はない。それでも地図で見れば五十三次の旧東海道に東海道本線が敬意を示しているようで何だか微笑ましい。

右の下図は鳥取県米子市と境港市にまたがる米子空港周辺で、ＪＲ境線はここで見事に迂回している。日本海側の要港として古くから知られた境港と米子を結ぶこの線は山陰初の鉄道として明治三五年（一九〇二）に開業したもので、中海《なかの》と日本海を距てる弓ヶ浜に沿って直線的に敷設された。沿線には海軍以来の航空自衛隊の美保飛行場が米子空港として用いられており、その滑走路の延伸に伴って線路を迂回させた。当初は滑走路の下をくぐる案もあったというが迂回で決着し、平成二〇年（二〇〇八）六月一五日に路線変更されている。

これだけ大々的な迂回なので距離は四〇〇メートルも伸びたが、営業キロを従前のままとしたため、大篠津《おおしのづ》町《ちょう》~米子空港間は実際に二・〇キロあるところが「一・六キロ」とされている。運賃を考えればＪＲ西日本には減収になってしまうはずだが、距離を変更してしまうと各駅の運賃表の掲示をはじめ各種の変更を伴うため、それら全体の経費を考えると従前のままの方がマシということなのだろう。反対に線路を短絡した場合も従前の距離で何十年も押し通しているケースもある（中央本線鳥沢～猿橋間など）。ちなみに首都圏のJR八高線でも箱根ヶ崎駅（東京都瑞穂町）の南側で横田基地の滑走路延長に伴う迂回が何十年も前に行われたが、こちらも営業キロは従前通りで、実際より約二〇〇メートル長い「お得路線」だ。

「私鉄王国時代」の加賀私鉄網

日本全国に鉄道の廃線は山ほどある。路線が消えた理由の多くは戦後の高度成長期に起きた急激なモータリゼーションだ。左の図は昭和三四年（一九五九）に編集された二〇万分の一地勢図「金沢」のうち石川県南部で、左端に見える「加賀市」はその前年に誕生したばかりである。当時としては珍しい広域合併で、城下町の大聖寺《だいしょうじ》町を中心に、北陸道の宿場である動橋《いぶりはし》町、北廻り航路の湊町である橋立《はしたて》町、古来より著名な温泉の片山津《かたやまづ》町と山代《やましろ》町、これに周辺四村の計九町村が合併した。

当時はこの加賀市に加えて東に隣接する小松市の粟津《あわづ》温泉、南の山中温泉（山中町・平成一七年に加賀市に合併）を縦横に結ぶ電車網が発達していた。北陸本線の下り列車が大聖寺駅から先の動橋、粟津、小松、寺井（欄外・現能美根上《のみねあがり》駅）のほぼ連続した各駅（作見《さくみ》駅を除く）

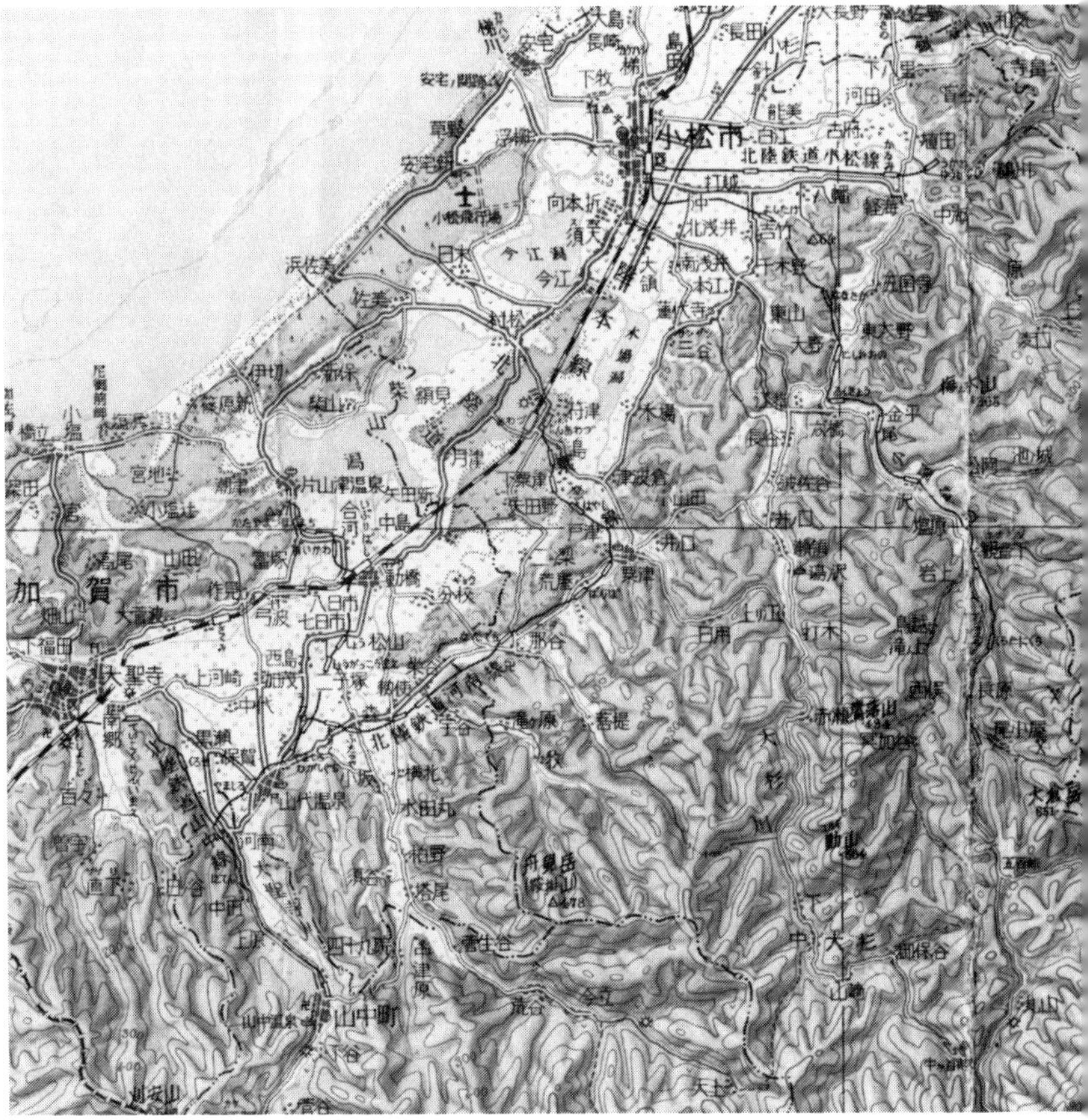

石川県南西部の加賀市から小松市にかけての地域には、高度成長期まで数多くの私鉄路線が各方面を結んでいた。現在は全廃されている。1:200,000「金沢」昭和34年編集

では、それぞれ乗り換え客を待つ電車や気動車が車窓から望めたものである。

このうち加賀市内の路線は山中馬車鉄道、山代軌道、粟津軌道、片山津軌道というい ずれも馬車鉄道に由来し、それが後に電化されて温泉電軌となり、第二次大戦中の昭和一八年（一九四三）に北陸鉄道の路線となっている。自動車がまだ普及しない時代、これらの温泉へ向かう浴客にとっては北陸本線から電車に乗り換えるのがメインルートであった。電車の最盛期にあたる昭和三六年（一九六一）の時刻表によれば、山中〜大聖寺間は一五〜四五分間隔で運転されており、クロスシートの急行列車も設定されていた。新動橋〜河南《かわみなみ》間は約四〇分間隔、新粟津〜河南間も約一時間間隔、動橋〜片山津間は二〇分間隔と、人口を考えればかなりの高密度で運転されていたのである。

北陸本線の当時の急行や準急（特急は昭和三六年の「白鳥」が最初）は大聖寺、動橋、粟津とこまめに停車していたが、やがて停車駅を整理することとなった。その結果、それまで普通列車しか停まらなかった作見駅を昭和四五年（一九七〇）に「加賀温泉」と改称、特急・急行の従来の停車駅を三駅からこの一駅にほぼ集約してしまったのである。それ以前に宇和野《うわの》〜新粟津間が同三七年に廃止、動橋〜片山津間は同四〇年に廃止されていたが、残りの路線も大聖寺と動橋を急行列車などに通過されて利用者は激減、折からの自動車の急激な普及もあいまってとどめを刺された形となり、翌四六年には全廃となった。

小松駅からも二本の私鉄が見えるが、北の方は北陸鉄道小松線で、かつての銅山用軌道の終点に近い鵜川遊泉寺《うかわゆうせんじ》までの短い路線。北東方への延伸計画もあったが、結局は実現していない。沿線に高校が二つあったためか通学客は比較的多く、廃止は昭和六一年（一九八六）と加賀温泉郷の線路よりは長持ちした。

もうひとつ、小松駅に隣接した新小松駅から梯《かけはし》川沿いに遡る尾小屋《おごや》鉄道は、銅山の鉱石運搬を目的に敷設されたものである。軌間は七六二ミリで非電化のため気動車が運行されていた。日本の「軽便鉄道」としてはだいぶ後まで残った方であるが、昭和五二年（一九七七）に廃止された。マニアの多かった鉄道である。いずれにせよこの図の中の鉄道は北陸本線を除いてすべて廃止された。全部とは言わずとも、これらの稠密な電車網をどうにか活用する余地はなかったのだろうか。旧版の地図を眺めると、現在とは違う生活スタイルのかつての日本の姿が浮かび上がる。

鉄道の急勾配を図上で観察する

蒸気機関車は重い。たとえば磐越西線で「ＳＬばんえつ物語」号として運転が行われているＣ57形機関車が炭水車も含めると一一五・五トン、かつて東海道本線などで活躍した大型のＣ62形では一四五・二トンにも及ぶ（山手線などの電車なら電動車で一両三〇トン程度）。もちろん客車や貨車を多数牽引する機関車は一定以上の重量がなければ空転してしまうので「重いこと」は重要だが、当然ながら機関車自身と客車または貨車の双方を引っ張り上げるためには相当のエネルギーが必要だ。

一般に鉄道線路は身軽な自動車が走る道路よりも勾配の制限が厳しい。これは道路の勾配がパーセント（百分比）で表記されるのに対して、鉄道が一桁違うパーミル（千分比）で表示されることにも表われている。鉄道の建設規程は線路の規格が幹線かローカル線であるか、また貨物の有無や電車専用線であるかなど条件により異なるが、原則として幹線では二五パーミル（一〇〇〇分の二五）を超えないように設計されている。

さらに規格の高い路線では二〇パーミル、一〇パーミルといった例もあるが、身軽で多くの車両にモーターのある電車のみが走る私鉄では、逆に四〇パーミルを超える急勾配も珍しくない。自力で上る最急勾配は国内では箱根登山鉄道の八〇パーミルが最大である。ちなみにこの日本一の急勾配は大正八年（一九一九）に開業して以来破られることなく今日に至っている。そのような特殊な事例を除けば、まっすぐ進めば二五パーミルを超えてしまうような場合は仕方なく線路を蛇行させるか、地形によってはぐるりと一周させて上り下りするループ線が採用されている。

左の上図は長野電鉄の湯田中《ゆだなか》付近であるが、信州中野〜湯田中間は夜間瀬《よませ》川の急峻な扇状地をよじ上る。たとえば夜間瀬川橋梁の西側にある信濃竹原駅と湯田中駅の間は直線距離で二・九キロのところを、線路は蛇行して三・九キロと三四パーセント増になっている。これで勾配

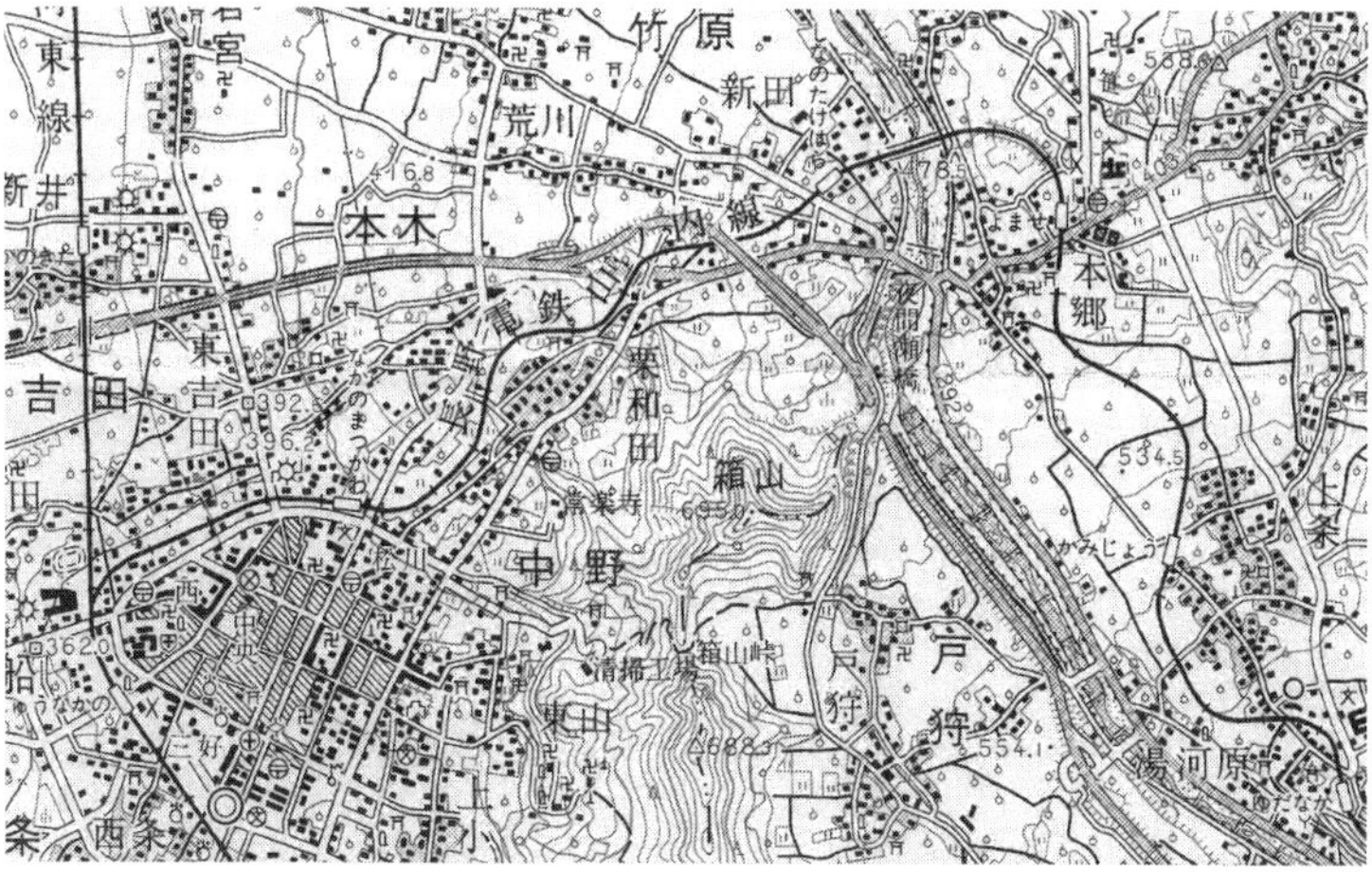

長野電鉄の信州中野～湯田中間。夜間瀬川扇状地を電車は蛇行しつつ上っていく。1:50,000「中野」平成10年要部修正

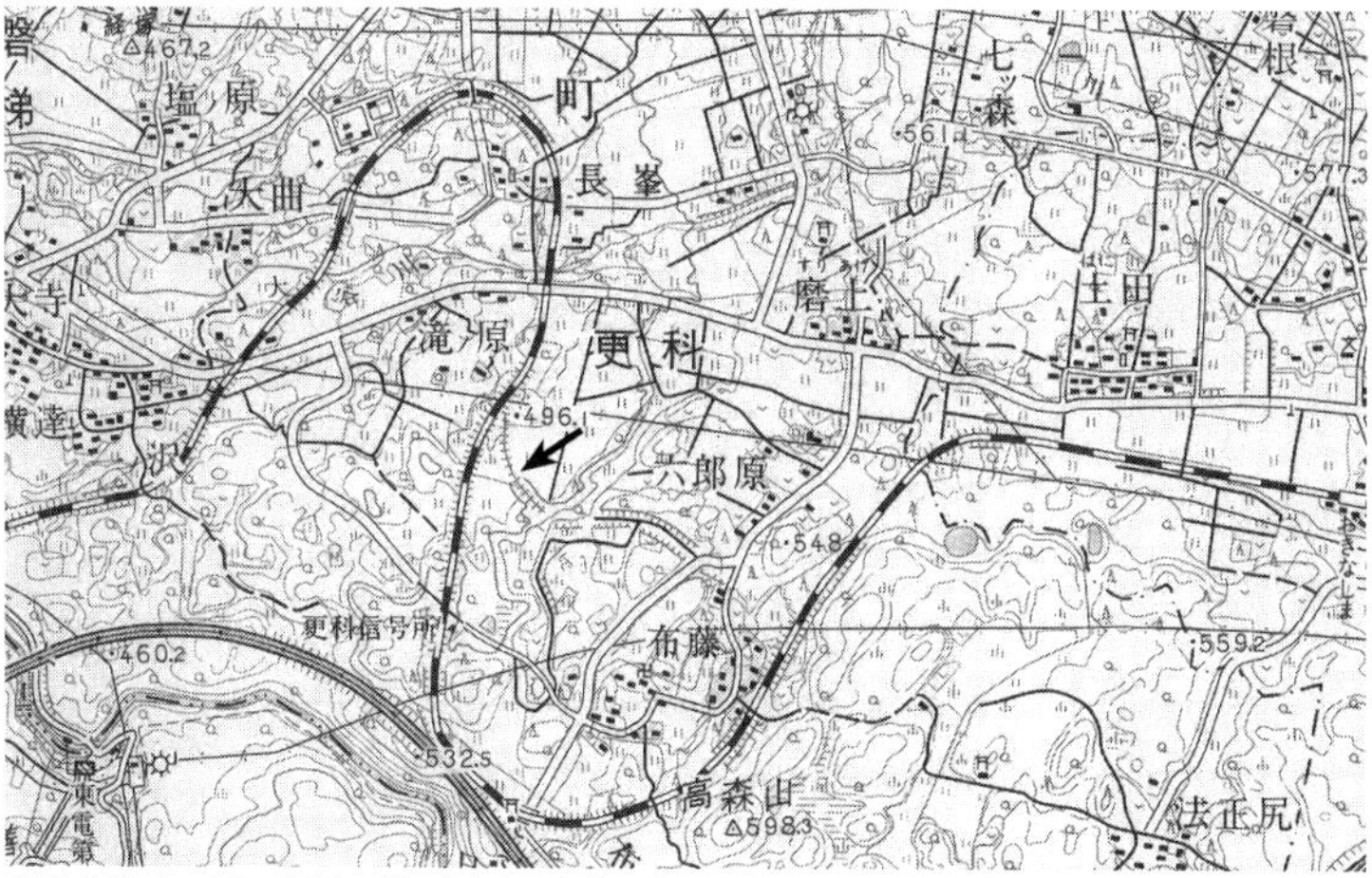

猪苗代湖畔に近い磐越西線（翁島～磐梯町）。印象的な蛇行で磐梯山麓を急降下して会津若松（左手）へ。1:50,000「磐梯山」平成３年修正

を抑えているが、それでも夜間瀬〜湯田中間は全線ほとんどが四〇パーミルという異例の急勾配である。

前頁の下図は前述の磐越西線の翁島《おきなしま》〜磐梯町《ばんだいまち》間（ここには現在SLは走らない）で、標高五二〇メートルと高い猪苗代湖畔から二一三メートルの会津若松駅までの標高差約三〇〇メートルを下るために十分な距離がないため、仕方なくこれほどの蛇行線形を採用したものだ。このため列車に乗っていると磐梯山や猫魔《ねこま》ヶ岳が車窓の右や左に忙しく動く。明治三二年（一八九九）に開業した際は図の東側の蛇行区間はもう少し急だったが、勾配緩和のためわざわざ遠回りさせてこうなった。旧線跡は築堤や堀割のような形（矢印）で図上に認められる。

ついでながら、地形図の記号では私鉄の短いトゲ線の間隔は四ミリ、JR線の白黒はそれぞれ二・五ミリ間隔と決まっているので（黒白ペアで五ミリ）、定規を持っていなくてもこれで図上の距離を測り、勾配を計算することはできる。もちろん、そんな面倒なことをしなくても図上で蛇行する線路を眺めつつ、勾配と格闘する列車の勇姿を想像するのは一興だ。

門前町・琴平に集まった鉄道

「こんぴらさん」こと金刀比羅宮《ことひらぐう》といえば、海上交通安全や商売繁盛を祈願する多くの参拝者が集まる、西日本では有数の神社だ。その本宮に至る七八五段の石段に沿って土産物屋、旅館、うどん屋などがびっしり建ち並ぶ典型的な門前町が形成されている。江戸時代には各地からの「こんぴら参り」が盛んで、高松、丸亀、多度津《たどつ》、阿波、伊予の五つの金毘羅《こんぴら》街道を経て各地から陸続と参拝者がここを目指した。

江戸期以来ずっと定着してきた人と物の流れに沿って、明治以来の新交通システムとしての鉄道・軌道が敷設されるのは当然のことで、これらの金毘羅街道（金比羅道）もその例外ではない。まず最初がJR予讃線・土讃線の前身である讃岐鉄道で、四国最古の伊予鉄道が開業した翌年の明治二二年（一八八九）に、丸亀から多度津を経て琴平までを開業している。金毘羅街道の丸亀・多度津ルートだ。

当時の多度津駅は今よりずっと港に近い場所で、ここを起点として丸亀・琴平方面への線路が同じ向きに出ており、直進が丸亀行き、右折するのが琴平行きであった。つまり丸亀から琴平へ行く列車はわざわざ多度津でスイッチバックしていたのであるが、それほどこの町が本州方面から金毘羅参りをするための重要な港町であったという証拠である。

次に登場するのが主に路面を走る琴平参宮電鉄。これが丸亀方面から琴平に達したのが大正一二年（一九二三）で、加えて多度津からの新線も同一三年に途中の善通寺で接続し、国鉄（旧讃岐鉄道を明治三九年（一九〇六）に国有化）を脅かす存在となった。さらに同電鉄は昭和三年（一九二八）には丸亀から坂出まで延伸して路線図がなかなか賑やかになったが、これで終わりではない。坂出延伸の前年にあたる昭和二年（一九二七）には高松から琴平を直結する琴平電鉄（現高松琴平電気鉄道）が高速を売り物に参入し、さらに昭和五年（一九三〇）には坂出からまっすぐ琴平を結ぶ琴平急行電鉄が割り込んで、まさに混戦状態となった。

戦前は自家用車という強力なライバルこそほとんどないものの、さすがに琴平に向けて一つの汽車線（国鉄）と三つの電車線はあまりに過当競争である。他にも路線バスがその間を縫って走っていたというから厳しい。最後に参入した琴平急行電鉄は、その名の通り坂出〜琴平間こそ最速を誇っていたものの、肝心の本州からの船便は高松と多度津が多く、坂出を起点とする同電鉄は当初から厳しいスタートを強いられた。そのため第二次世界大戦の物資不足が深刻になった昭和一九年（一九四四）には、戦時運輸政策により「不要不急線」と指定され、レールは遠くインドネシアのセレベス（スラウェシ）島へ供出させられ、運休に追い込まれてしまう。

しかし戦後も琴平急行電鉄の復活は厳しく、昭和二三年（一九四八）に合併で琴平参宮電鉄に吸収された後、同二九年に正式廃止された。その琴平参宮電鉄にしても、路面区間が多く自動車には太刀打ちできず、昭和三八年（一九六三）には全線を廃止。残ったのが国鉄（予讃線高松〜多度津間・土讃線多度津〜琴平間）と高松琴平電気鉄道（高松築港〜琴電琴平）のみである。それでも昭和四〇年代からの自動車の急増と道路の改良はめざましく、同電気鉄道も一時は民事再生法を適用されるなど危機に陥った。石段上は相変わらず多くの参拝者で賑わう金刀比羅宮だが、そこに至る交通の担い手は明治以来だいぶ目まぐるしく移り変わってきたのである。

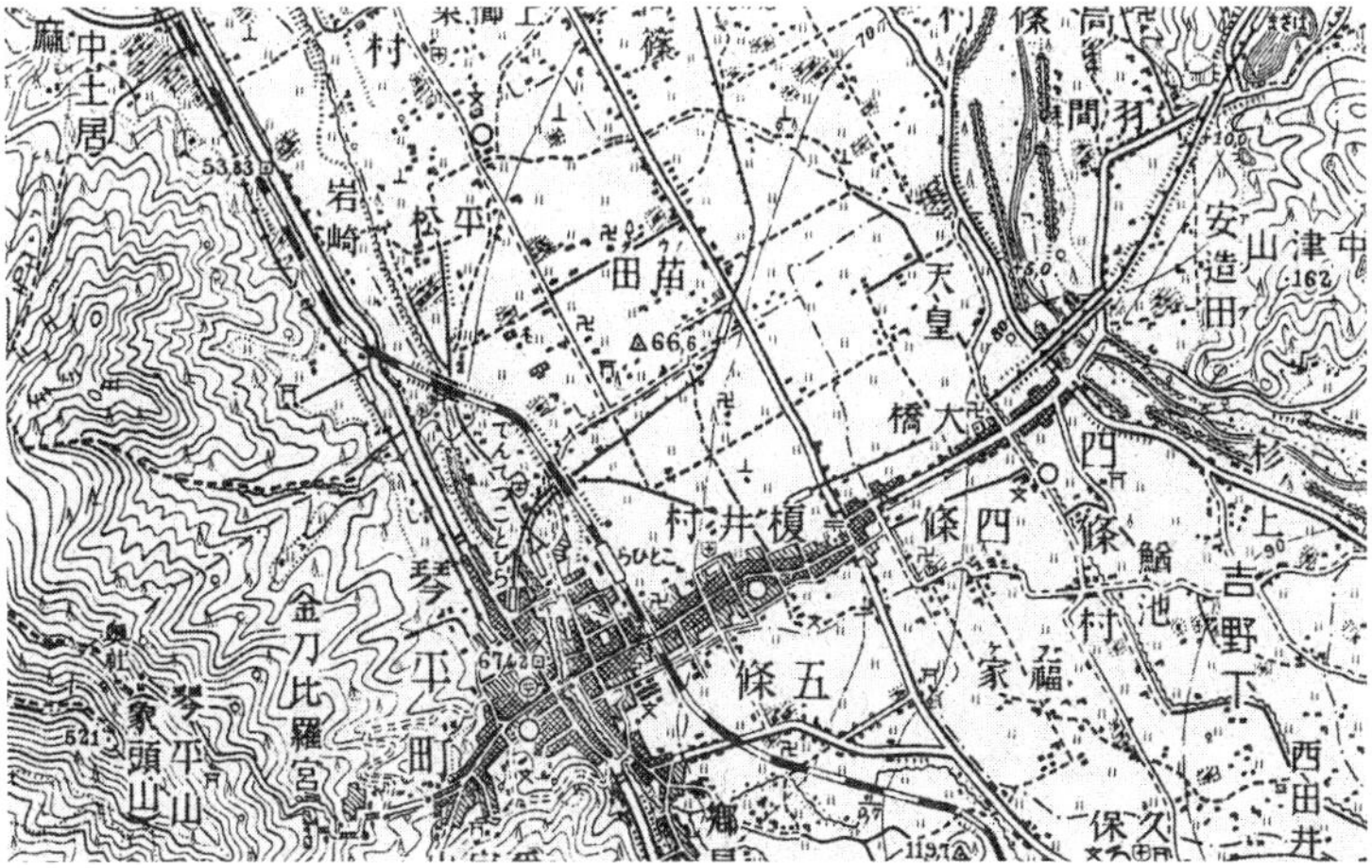

４本の鉄道・軌道がひしめいていた頃の琴平付近。左から琴平参宮電鉄、国鉄土讃線、上辺から来るのが琴平急行電鉄、東からの線が琴平電鉄（現高松琴平電気鉄道）。
1:50,000「丸亀」昭和７年鉄道補入

現在は鉄道が２本だけ。1:50,000「丸亀」平成 11 年修正

路線改良を地図でたどる

日本は山がちの国である。隣の地方へ行くにはほとんどの場合に峠越えが必要なのだが、鉄道車両にあまり急坂を登らせるわけにはいかない。現代であれば長いトンネルを一本掘って解決となるのだが、それができなかった明治大正期の線路の敷き方といえば、線路をくねくねと迂回させたり、スイッチバックを設けたり、ループ線でぐるりと回るなどして峠の直下までたどり着き、そこから最短のトンネルであちら側へ抜ける、というやり方だった。

ところが大正から昭和戦前、戦後の高度成長期へと進むにつれ、国内の旅客や貨物の移動が盛んになってくると、各路線ともに輸送能力が逼迫していく。特に線路条件の悪い「峠越え区間」は輸送のネックになった。補助機関車が必要な二〇パーミル以上の急勾配区間となれば、その出入口にあたる停車場には機関車をスタンバイさせる必要もあり、それらの機関車の運用や乗務員の手配も含めて経費的にも所要時間でも負担が大きかったのである。悪いことに補助機関車の回送はただでさえ過密なダイヤを飽和させてしまう。根本的な解決方法としては、費用はかかるが線路を改良するしかない。

昭和三〇年頃に東海道新幹線の建設が検討された時期の数字によれば、東海道本線は全国鉄の営業キロのわずか三パーセントに過ぎないが、旅客輸送量は実に二五パーセント、貨物輸送量も二四パーセントに及んだというから、その集中ぶりがわかる。政令指定都市の前身となった東京、横浜、名古屋、京都、大阪、神戸の「六大都市」すべてが沿線にあることを見てもこれは当然だろう。

東海道本線では早くも大正期に線路改良が始まった。同線の二〇パーミルを超える区間は国府津～沼津間の「箱根越え」、垂井～関ヶ原間（このひと駅で九二・五メートル上がる）、それに大津（現膳所）～京都間の「逢坂越え」があった。このうち大津～京都間は日本初の鉄道山岳トンネルである逢坂隧道の前後に二五パーミルの連続勾配区間があり、これに加えて山科（旧駅）～京都間は伏見を経由する迂回ルートであったため、勾配緩和と路線短絡を目指してルートが設計され、一六・三キロが一一・七キロと約二八パーセント（四・五キロ）短くなり、最急勾配は二五パーミルから一〇パーミルと大幅に低減した。国府津～沼津間も大正七年（一九一八）から丹那トンネルの工事が始まっているのだが、まれに見る難工事と二回の大地震（関東・北伊豆）を経てようやく昭和九年（一九三四）に開通した。関ヶ原は第二次大戦中の同一九年に下り迂回線の新設で解消している。

全国的に見れば北陸本線の敦賀～今庄間（北陸トンネルで短絡）、中央本線の岡谷～塩尻間（塩嶺トンネルで短絡）など大小さまざまな改良区間が存在するが、そのうち最もスケールが大きいのが北海道・根室本線の狩勝《かりかち》峠付近だろう。空知《そらち》管内の落合駅から十勝管内の新得《しんとく》駅までの旧線は峠付近で二五パーミルの急勾配が連続し、さらに最小半径一八〇メートルという例

狩勝峠の直下を短い狩勝トンネル（954m）で抜け、蛇行しながら十勝平野へ下りて行った旧根室本線。難所中の難所とされた。1:200,000「夕張岳」昭和 39 年編集

昭和 41 年（1966）に開通した現在の根室本線新ルート。分水界の長い新狩勝トンネル（5790m）を抜け、大きなカーブで新得の町へ下りていく。1:200,000「夕張岳」平成 7 年要部修正

外的な急カーブが葛折《つづらお》りを成す悪条件で、しかも最高地点の標高五三四メートルで抜ける旧狩勝トンネル（九五四メートル）は旧式のため断面が狭く、勾配を登る上り列車では煤煙の充満がひどく、乗務員泣かせの区間であった。

これを抜本的に改良するため南側に新狩勝トンネル（五七九〇メートル）を掘削し、勾配は最急一二パーミル、カーブも半径五〇〇メートルと大幅に改良している。開通は昭和四一年（一九六六）で、経由地は新旧でほとんど異なるものとなった。旧線で二七・九キロあった落合〜新得間は新線経由で二八・一キロとわずかに長くなっているが、線路条件は圧倒的に良好で、高速運転も可能となったのである。右の改良前後の地図を並べてみると、その状況がよくわかる。

私鉄と沿線案内

吉田初三郎の名前は、最近だいぶ知名度が上がってきた。かつて「大正広重」と呼ばれて一世を風靡した鳥瞰図画家である。昭和天皇が皇太子時代に初三郎の京阪電車案内図を見て感激したエピソードが知られているが、観光が急速に一般に広まった大正から昭和の戦前にかけて鳥瞰図が大流行した。鳥瞰図とは、読んで字の如く鳥が上空から俯瞰した（瞰は「見下ろす」の意）視点で描いた地図であるが、昨今では標高データを処理して簡単に立体画像を作れるようになったので、その類を思い浮かべるかもしれない。

しかし初三郎らの描いた鳥瞰図は、ただ単に斜め上から見たというだけではなく、クライアントである鉄道会社などが最も強調したいところをデフォルメして大きく見せ、そうでないところは簡略化または抹消してしまうといった任意の改変を行っていることに特徴がある。「地形図でたどる」のが本書のテーマではあるが、ここでは縮尺のないこの地図をとり上げてみよう。

デフォルメが行われている、という言い方をすると「いい加減な地図」のイメージで捉えられるかもしれないが、地図というものは程度の差はあれ、必ずデフォルメされている。地図を作ることとイコール「この世の記号化」であるから、たとえば国の基本図とされている「二万五千分の一地形図」であっても、その縮尺では表現できない個別の家の形や一本一本の樹木の種類などは、まとめて市街地や樹林の記号で表わしているのである。

戦前の沿線案内図に見られる鳥瞰図は、乗ってもらいたい客（もちろん等高線などには慣れていない）に対して、沿線の名所旧跡や観光地とその魅力をわかりやすく伝えるためにダイナミックにデフォルメを施したものだ。そのように作られた鳥瞰図は、たとえば同じ区間で競合しているライバル他社に言わせれば、自分の路線をまるで遠回りであるかのように描かれたりして面白いはずがないが、対抗措置で自社の案内図でも同じようにあちらの線路を消してしまえばいい。当時は自社利益最大化のためのそのような大胆不敵な見せ方は当たり前だった。パ

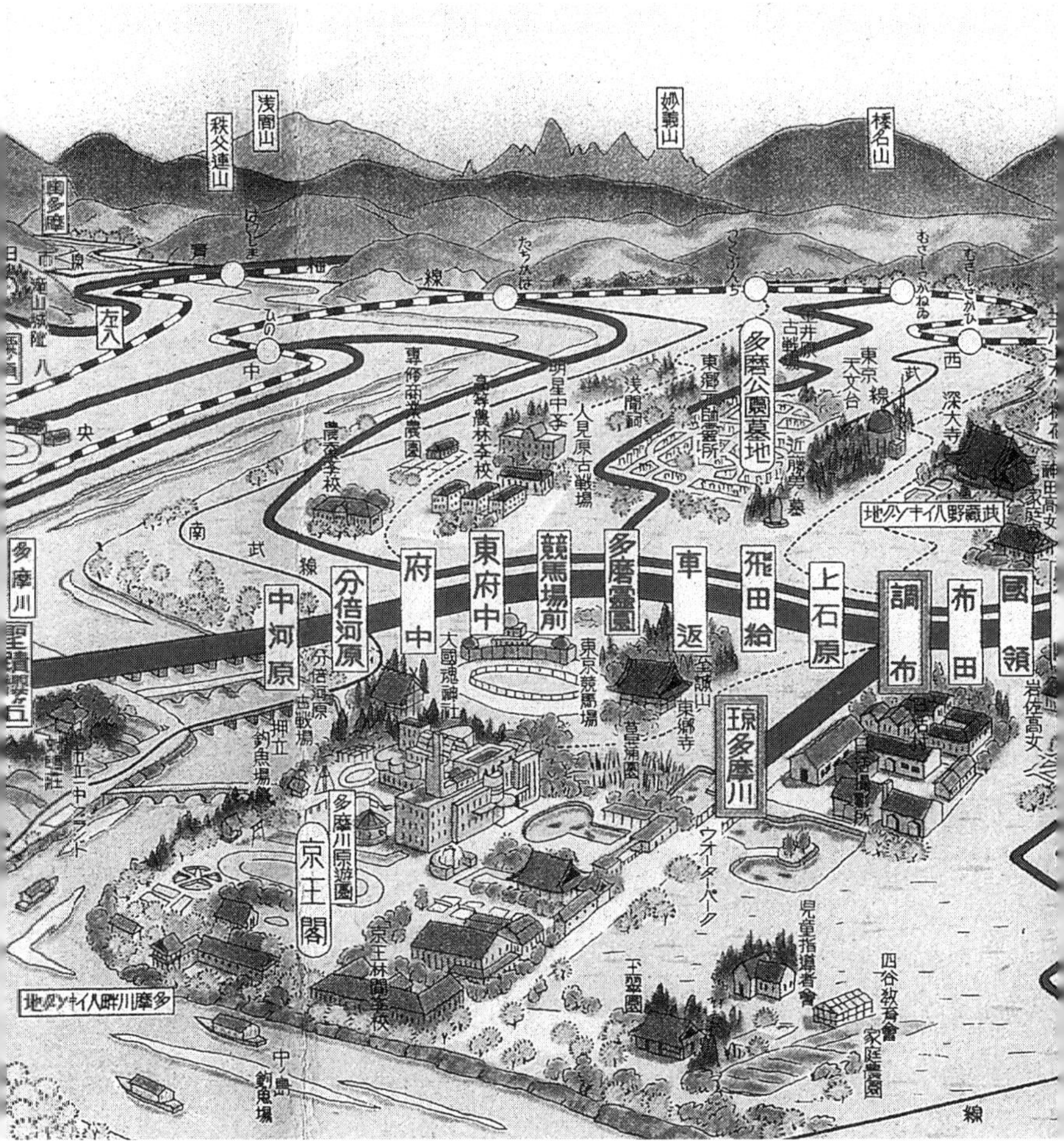

京王電気軌道の発行した沿線案内図。吉田初三郎ではないが、掲載範囲外のカワシマ（KAWASIMA）のサインがおそらく作家の名字なのだろう。「京王電車沿線案内」昭和15年（1940）頃発行より調布～府中付近。範囲外に描かれたライバル・中央線は一直線のはずの線路が故意に蛇行させられている。

ンフレットで新製品を宣伝する時でさえ「当社比」などと謙遜している今の会社には、これほど大胆なデフォルメはできないかもしれないけれど。

さて、大正の終わりから昭和一五年（一九四〇）頃、つまりアメリカの対日石油禁輸が段階的に開始されるあたりまでは「観光の時代」が続き、この種の鳥瞰図は隆盛を極めた。その大きな理由に、第一次世界大戦で新興工業国として大きく成長した日本にサラリーマン階層が急増したことがある。これに伴って「余暇」を利用できる人口が急増、首都圏や関西圏などでは毎年どこかで新線が建設される私鉄建設ラッシュも手伝って、日曜日となれば観光地へ日帰りの小旅行に出かける人が目立つようになったのである。この動きと軌を一にするように昭和六年（一九三一）には国立公園法が施行され、その第一号として瀬戸内海、雲仙、霧島の三つの国立公園が同九年に指定された。

前頁の図は京王電気軌道（現京王電鉄）が昭和一五年（一九四〇）頃に発行した沿線案内であるが、これを見てひときわ目につくのが「京王閣」である。その名から想像できるように京王直営の遊園地だった。園内のさまざまな施設はイラストでかなり詳しく描かれているので、結果として園の大きさは異様に巨大に表現されており、図を信じてしまえば府中駅の近くにまで及ぶかのようなスケールだ。この間の実際の距離は六キロもあるから、園の東西・南北の寸法は一〇倍（面積なら一〇〇倍！）以上にデフォルメされていることになる。当然ながらその代わりに表現されなかったものは多い。

道路と街、境界と飛地

1:50,000「千葉」
明治36年測図

代を重ねる峠の新旧街道

国道を自動車で走っていると、脇へ斜めに分岐していく古びた細道をよく見かける。いわゆる旧道であるが、これは注意していると意外に多い。そのような旧道は全国各地に存在するのだが、おおむね戦後の高度経済成長期に新国道ができるまでの国道で（もちろん県道にも旧道はある）、中には廃道と化したものもあるが、かなりの山道であっても地元の生活道路として今も利用されている例は少なくない。

さて、旧道という呼び名は相対的なもので、鉄道と違っていくらでも古いルートが存在するのが道路の奥深いところだ。たとえば弥次喜多道中の「五十三次」と古代の東海道とではかなり経由地が異なっていて、古代東海道は終点が江戸ではなくて茨城県の常陸国府《ひたちこくふ》（現石岡市）であったりする。近代以降でも、高度成長期にできたバイパスだけでは輸送力に追い付かなくなって平成になってさらに新しいバイパスが完成し、かつての新道が旧道に転じることも珍しくない。常に進化する一般国道の他にも高速道路が続々と誕生しており、そう考えれば新道、旧道、旧旧道、旧旧旧道……とキリがないほど道路は代を重ねており、特に難所であった峠道では改良の歴史が積み重ねられているので興味深い。

左の上図に掲げたのは古くから日本第一の幹線道路であり続けている東海道で、かつて難所

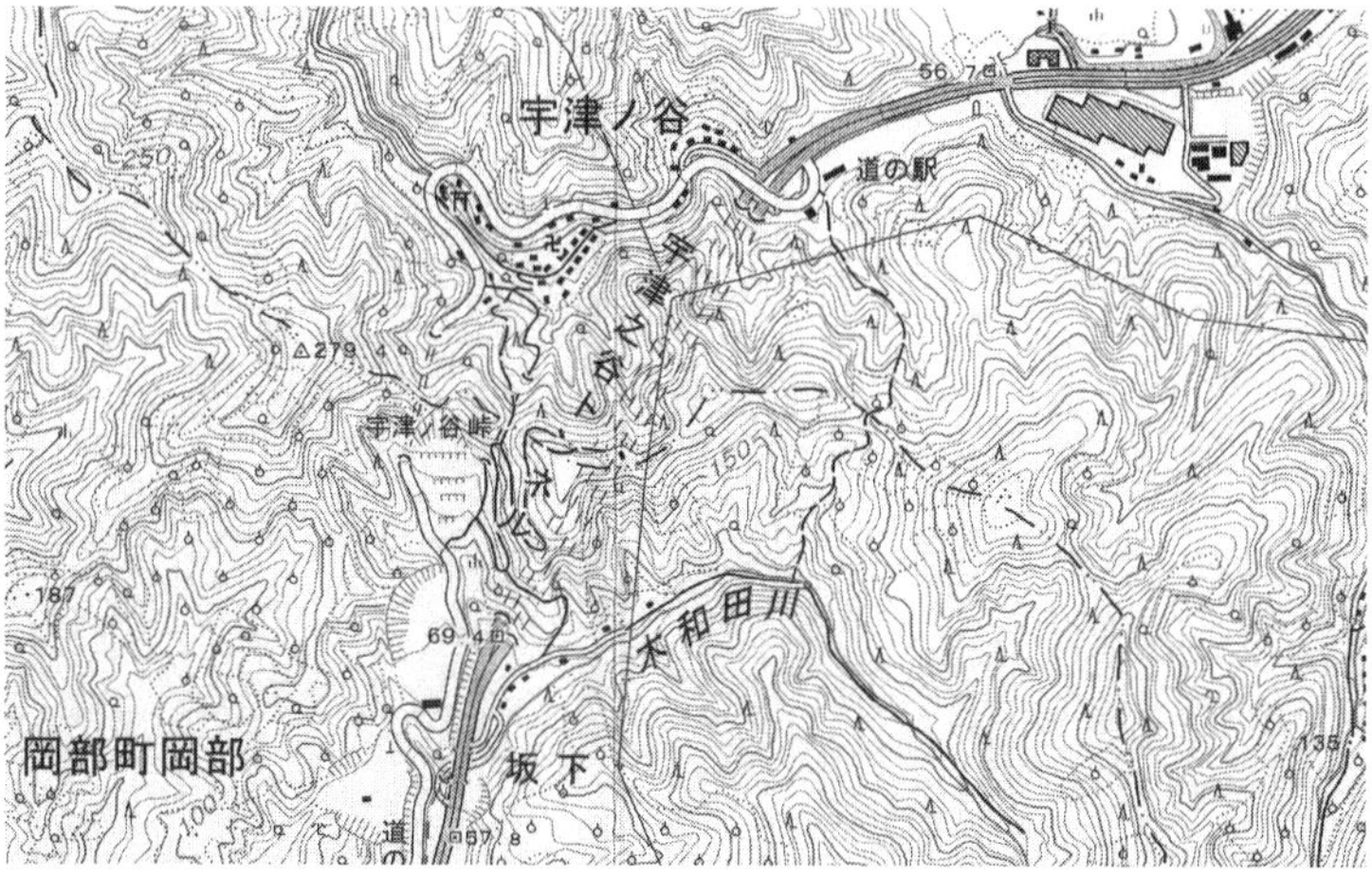

江戸時代からの難所・宇津ノ谷峠に穿たれた明治から平成に至るトンネル群。
1:25,000「静岡西部」平成 24 年更新（上下とも）

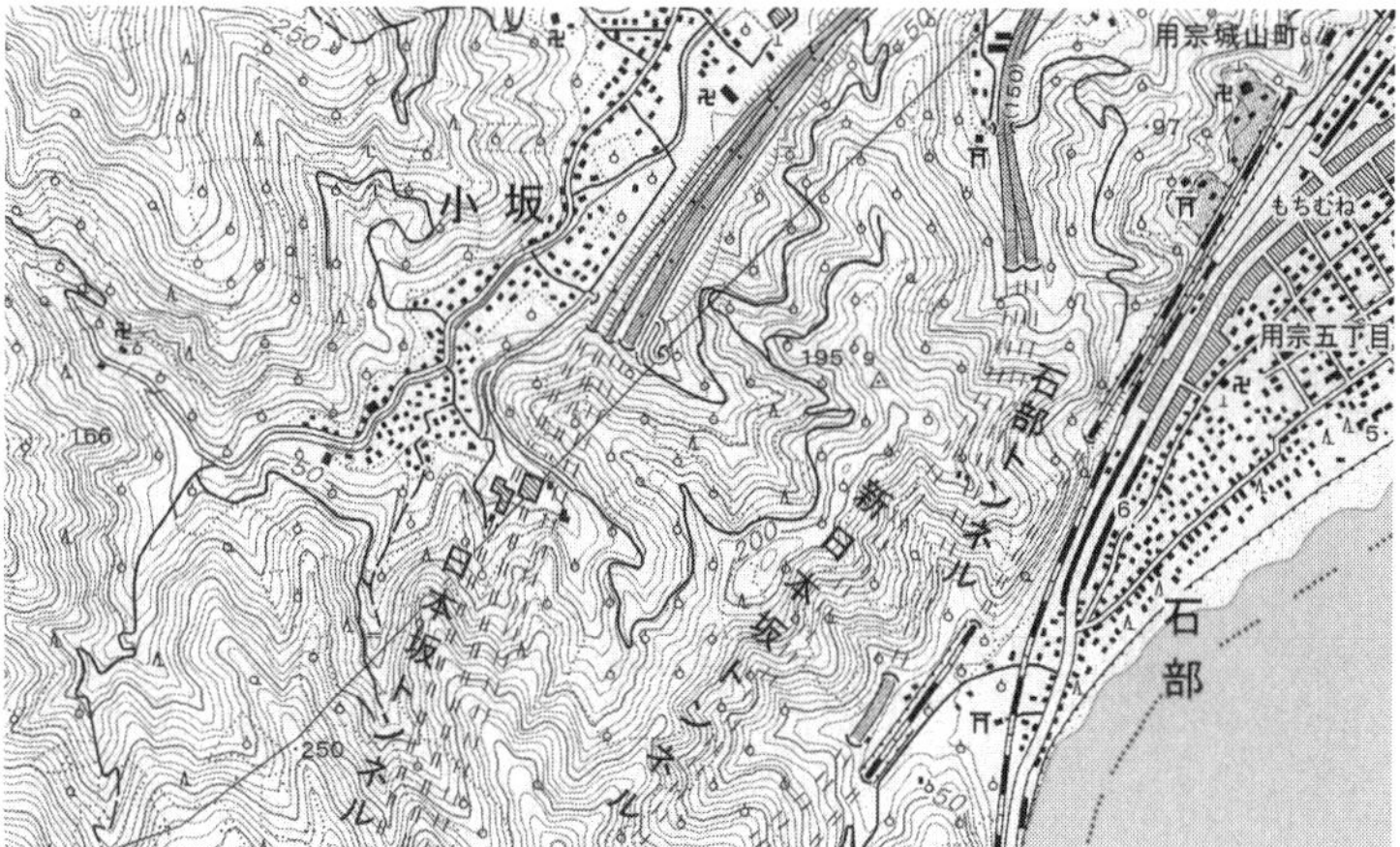

そこから約５キロ東の日本坂にも近年トンネルが急増している。左から東名高速道路、国道 150 号、東海道新幹線、東海道本線。

で知られた宇津ノ谷《うつのや》の峠道である。現在ではこの峠が静岡市と藤枝市の境界にもなっていて、地形図でも等高線の密度が濃く地形の険しさが伝わってくるが、その等高線を縫うようにして新旧さまざまなトンネルが現存している。

このうち最も短いトンネルが明治九年（一八七六）に掘削された隧道《ずいどう》で、日本初の有料トンネルとされ、明治三七年（一九〇四）に改修されたものが今も歩道として通り抜けられる状態だ。ちなみにその上を横切っているのが江戸時代の東海道である。また、その西側の県道トンネルは昭和五年（一九三〇）に竣工した旧国道で、自動車を前提としたゆとりある二車線は当時としてはだいぶ高規格だったという。さらに自動車交通が激増した戦後の昭和三四年（一九五九）には峠の東側に新宇津ノ谷隧道が完成、平成一〇年（一九九八）にはこのトンネルの東側に並行して平成宇津ノ谷トンネルが開通、現在の国道一号は上下とも二車線ずつになっている。

この間に東名高速道路が開通し、古代の東海道ルートにあたる日本坂を長いトンネルで通過することになった（前頁の下図）。道路交通でいえば「古代回帰」ということかもしれないが、鉄道では東海道本線（明治二二年開業）も同新幹線も日本坂をくぐっており、さらに崖っぷちの海辺を通っていた国道一五〇号も最近になって新日本坂トンネルを通っている。

以上ご紹介したトンネルを西から挙げれば、①昭和五年開通の宇津ノ谷隧道二車線、②明治九年竣工の初代隧道、③昭和三四年開通の新宇津ノ谷隧道二車線（国道一号上り）、④平成一〇年の平成宇津ノ谷トンネル二車線（国道一号下り）、東側の日本坂（下図）へ移動して⑤東名高速道路の上り左ルート二車線、⑥同じく右ルート二車線（旧下り）、⑦下り三車線（新ルート。⑤〜⑦はいずれも日本坂トンネル）、⑧国道一五〇号の新日本坂トンネル上り二車線、⑨同じく下り二車線（石部《せきべ》トンネルの南側）、⑩東海道新幹線の日本坂トンネル（複線）、⑪東海道本線の石部トンネル（複線）という具合に、幅わずか五・五キロの範囲に一一本がひしめいている。

それにしても、合計どれだけの人が毎日これらの道路と鉄道を使って東西を移動しているのだろうか。つくづく「日本の大動脈」を実感するエリアだ……と書いてから、忘れていたトンネルがさらに二本。宇津ノ谷峠の二キロほど西の新東名高速道路（平成二四年開通）・岡部トンネルの上下三車線ずつである。

歴史的な直線道路

日本の鉄道線路の中で最も長い直線区間といえば、「その筋」の人なら北海道・室蘭本線の白老《しらおい》〜沼ノ端《はた》間の二八・七キロであることは知っている（厳密に言えば直線は開業時の状態で、現在では微妙な左右の揺れがある）。この数字は東海道本線の東京〜横浜間とほぼ同じだからその長さを思い浮かべやすい。

道路では最長直線区間はやはり北海道にある。国道一二号で岩見沢を過ぎた美唄《びばい》市を起点に北上して滝川《たきかわ》市までの二九・二キロは鉄道の最長より少し長い。それ以外にも明治以来に「植民地」として開拓が進められた北海道では一〇キロレベルの直線道路は珍しくない。

本州以南では近代以前に開通した直線道路はそれほど多くないが、古代にはむしろ積極的に作られた。たとえば平城京や平安京の街区はすべて直線だし、大和盆地に広域で実施された条里制の道路も、現在に至るまで少しずつ時代の波に歪められながらも広い範囲で縦横の直線道路が伝わっている。他にも各地方を結ぶ古代官道は直線主体だったらしい。もちろんローマ街道を模したわけではなさそうだが、官道は直線を旨とすべしといった線形が採用されている。ただし実際の地形や集落などを無視して強権的に作られた道ゆえに、各地でこれが徐々に廃道と化していったのも無理はないが。

さて「実質本位」となった武士の世になるとそんな直線道路はあまり作られなくなるが、例外的なのは加賀藩が作った金石往還《かないわ》である。金沢城下から外港である金石までを結ぶ道で、金石の旧地名をとって宮腰《みやのこし》往来とも呼ばれた。この道は江戸初期の元和《げんな》二年（一六一六）に三代目藩主の前田利常が作らせた約五・八キロの直線道路である（左の上図）。現在では六車線まで拡幅され、県道一七号金沢港線という幹線道路として多くの自動車が利用している。

この道には明治三一年（一八九八）にレールが敷かれて金石馬車鉄道が運行を開始、大正三年（一九一四）には電化され、金石電気鉄道が電車を走らせて地元の足として欠かせない存在となった。戦時中の昭和一八年（一九四三）に会社統合で北陸鉄道の金石線となったが、路面

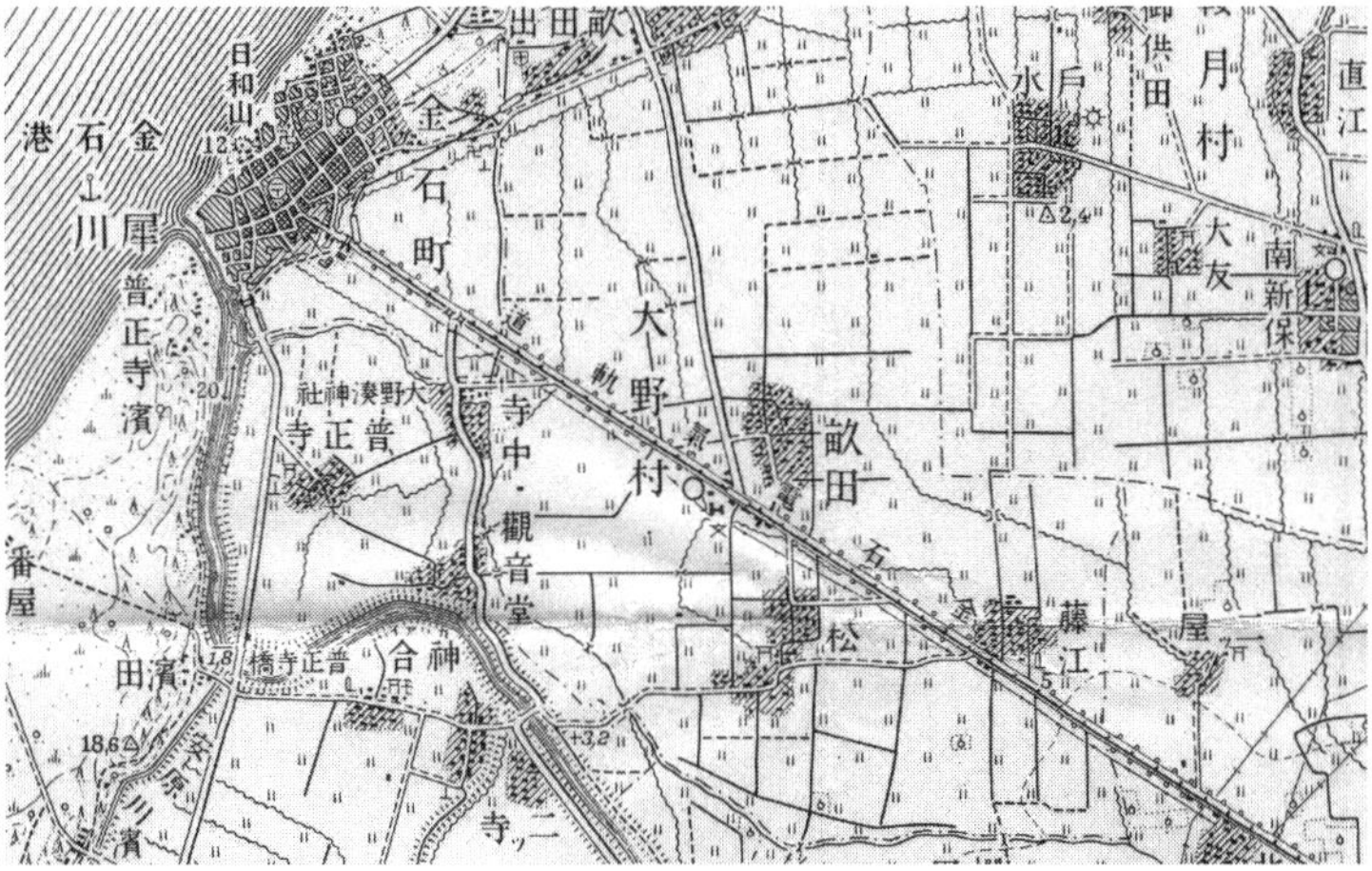

加賀藩の時代に作られた金沢城下から金石港を結ぶ直線道路。当時は路面電車の金石電気鉄道（図中の「軌道」は誤り）が走っていた。1:50,000「金沢」昭和6年修正

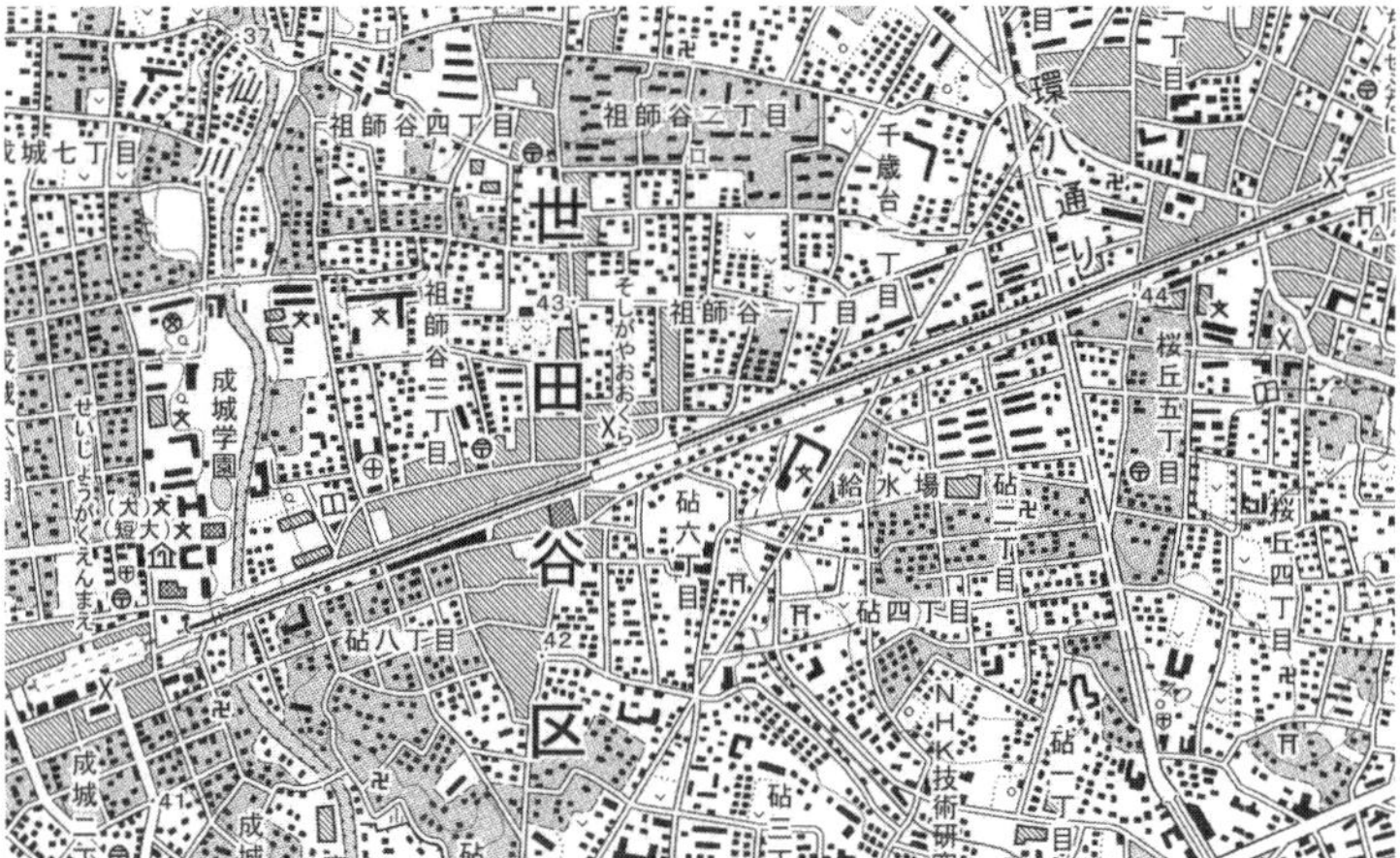

世田谷区を貫く一直線の荒玉水道道路。右上に見える環八通りの「環」の字から左下へまっすぐ続いている。鉄道は小田急線。1:25,000「溝口」平成20年更新

電車ゆえに戦後のモータリゼーションに追われる格好で昭和四六年（一九七一）に廃止、これをもって石川県内から路面電車が消えた。

前頁の下図は東京都世田谷区であるが、住宅地の中に迷路のような街路がどこまでも広がる中にひときわ一直線で「我が道を行く」風情の道路がある。札幌市や京都市の旧市街で特定の直線道路を指しても当たり前で埋没してしまうが、他の多くが曲がった道路だとひときわ目立つ存在になる。

この道は荒玉《あらたま》水道道路で、その名の通り荒川から多摩川を結ぶルートに上水道を敷設する計画で、残念ながら荒川には到達しなかったが、現在は東京都水道局の管轄になっている砧《きぬた》浄水場のすぐ近くの多摩川の河底から取水、それを人口急増地帯の豊多摩郡（中野、杉並、落合など）と北豊島郡（板橋、巣鴨、滝野川、王子など）の一三町村へ届ける上水道であった。大正末から昭和六年（一九三一）にかけて建設されたもので、翌七年には全町村が東京市に編入されたため、現在の都水道局に継承されている。

水道道路はその本管上を通るもので、既存の道路と斜めに交差する箇所には必然的に三角形の土地が多く誕生した。一〇年ほど前にこの道をほとんど歩いたことがあるが、それら三角形に面した家の形状は実に興味深く、船の舳先のような子供部屋や三角形の庭、犬小屋スペースに有効活用する家などなど、実に興味深かった。

碁盤目に区画された土地

京都や札幌の中心市街地は碁盤目。程度の差はあれ、計画都市の多くはそんな風に区画されているが、理由は何だろうか。権力者はそもそも整然たる道路を造るのが趣味、と言ってしまえばそれまでだが、おそらく地面に線も引きやすいし、分割する際にも面積が均等だと楽なのだろう。世界を見渡しても、正方形とは限らないけれどアメリカのニューヨークやサンフランシスコ、最初に挙げるべきだった唐の都・長安なども碁盤目の整然たる区画を持っている。ただ、面積を測るためには平行四辺形であっても問題ないことを知ってか、江戸時代から干拓された岡山県の児島湾沿いには、区画がことごとく平行四辺形という、斜めから見た碁盤目のような不思議な場所もないことはない。

さて、よく日本史の教科書に載っている平安京の区画は整然と正方形で描かれているのに、現在の京都市街図を見ればそうとは限らない。場所によって異なるが、むしろ南北に長い長方形区画が目立つのはなぜだろうか。それに加えて二条通、三条通、四条通は等間隔なのに五条通がやたらに南に偏っていたりする。種を明かせば、最も平安京の原形に手を入れたのは豊臣秀吉で、市街の周囲に土居を築いたのを筆頭に、さまざまな都市改造を行った。そのひとつが南北に一本ずつ「突抜《つきぬけ》」という通りを新設したことで、これが長方形の区画を増やしている。

他にも意図的に交差点を食い違わせて「遠見遮断《とおみしゃだん》」を行った寺町通など、四角四面な人には我慢できないほどの大改造を行った。五条通の「南下」もこの人の仕業である。

それに加えて第二次世界大戦末期には、戦時建物疎開で御池《おいけ》通や堀川通、五条通が大拡張されて「非等間隔」に輪をかけている。しかしそのおかげで京都には重層的な歴史の味わいが付け加わったと言えるかもしれない。

それほど知られていない農村部でも、古代の耕地整理にあたる「条里制」が行われた地域では、今もきれいな碁盤目が地図上に見られるところが珍しくない。都といえば時代によって変遷しても全国に一つだけであるが、条里制が採用されたところは秋田県から九州まで広範囲に及んでいるから、あなたのお住まいの町もそうかもしれない。

左の上図は条里制が行われた奈良県・大和盆地の一部であるが、一辺が一町（六〇間＝約一〇九メートル）四方の正方形が基本区画なのが容易に読み取れる。直線でなく少し揺らいでいるところが、かえって歴史の経過をリアルに感じさせるが、よく見ると奈良市と天理市の境界もこの条里制区画に沿って引かれているのが興味深い。ここにはないが、市町村によっては一町四方の一マスごとに小字の地名が割り振られた場所もあり、古代以来の「三ノ坪」「五ノ坪」といった地名が千年の風雪に耐えて生き残っているのは感慨深いものである。首都圏にも条里制区画が残っているエリアは少なくない。たとえば近年超高層のタワーマンションが林立する神奈川県川崎市中原区の武蔵小杉駅西側などは、今も少しずつ揺らいだ条里制以来の直線道路

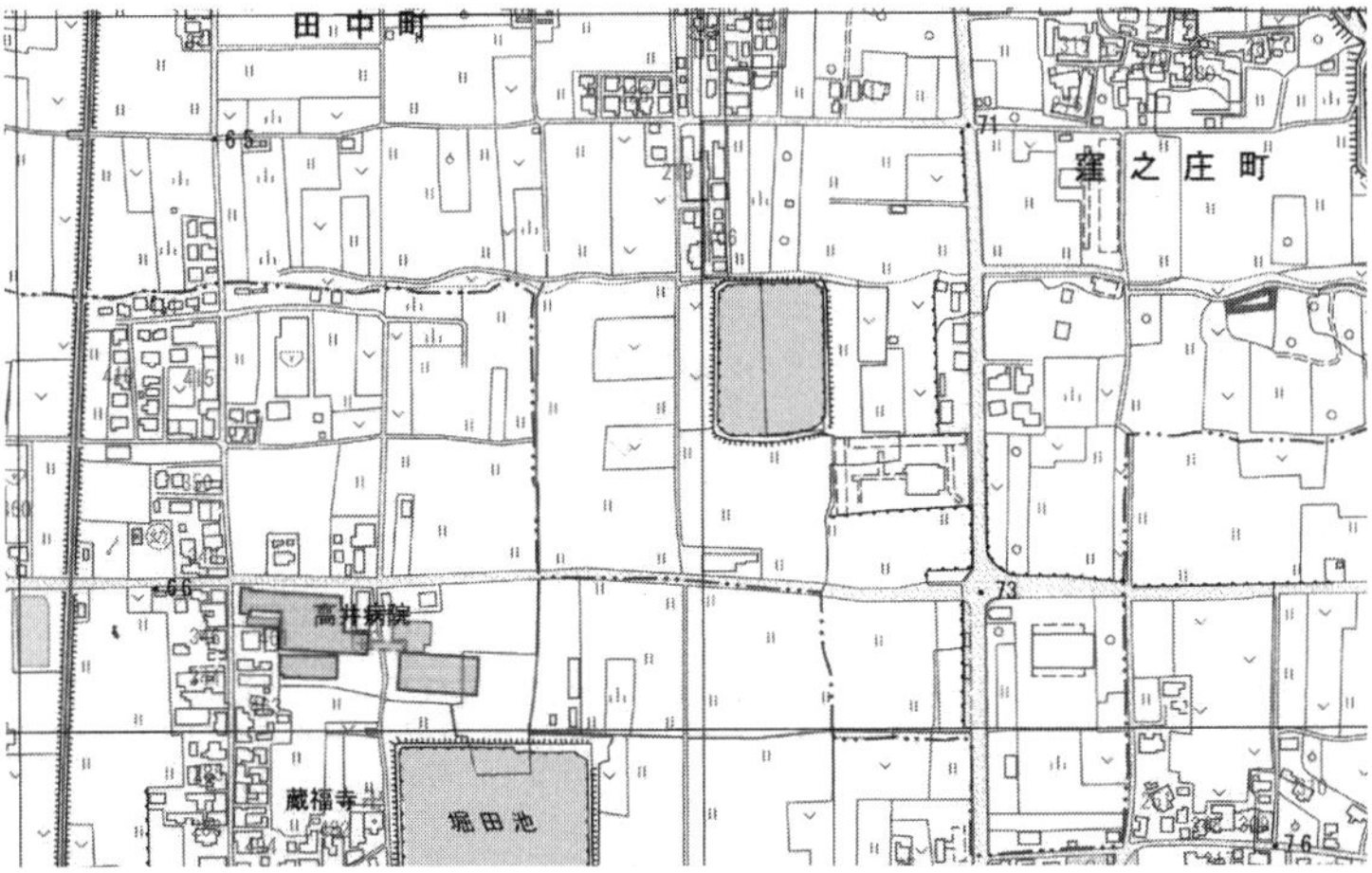

奈良県の大和盆地では古代条里制の区画が至るところに残っている。左端を南北に走るのは JR 桜井線（帯解（おびとけ）〜櫟本（いちのもと））。1:10,000「帯解」平成 17 年修正

北海道の殖民区画は 1 辺 300 間（道幅を除く）の碁盤目で、自然な等高線との対比が絶妙。1:50,000「新得」平成 13 年修正

が骨格を成している。

前頁の下図は北海道の典型的な開拓村の区画だ。十勝平野の西縁に位置する新得《しんとく》町で、牧草地と畑が広がる中を、狩勝峠を越えて迂回しながら降りてくる根室本線が印象的だ。針葉樹林の記号が直線的に並んでいるのは防風林の形状を示す。道内にあってはこの区画は一辺が三〇〇間（約五四五・五メートル）で統一されているが、地形にはほぼ無関係に設計されたため、場合によっては道路のない区間もあり、また町村界としてだけ用いられている辺もある。自然そのままに近い等高線や川の流れと、人為の極みの碁盤目のコントラストが絶妙だ。現地へ赴いて自動車でこのあたりを走ってみると、アップダウンは繰り返すのに一直線の道がどこまでも続く。

地図でカーブを観察する

群馬県と長野県の境に位置する碓氷《うすい》峠。ここは太平洋に注ぐ利根川水系と日本海へ流れる信濃川水系の分水界でもあるが、中山道の新道にあたる国道一八号はカーブが非常に多い。この道ができたのは明治になってからで、六〇〇メートルほどもある標高差を馬車が無理なく登れるように勾配を抑えた結果、たくさんのカーブができた。

この国道を通ると気付くのが、カーブごとに振られた番号である。小さな標識でその都度示

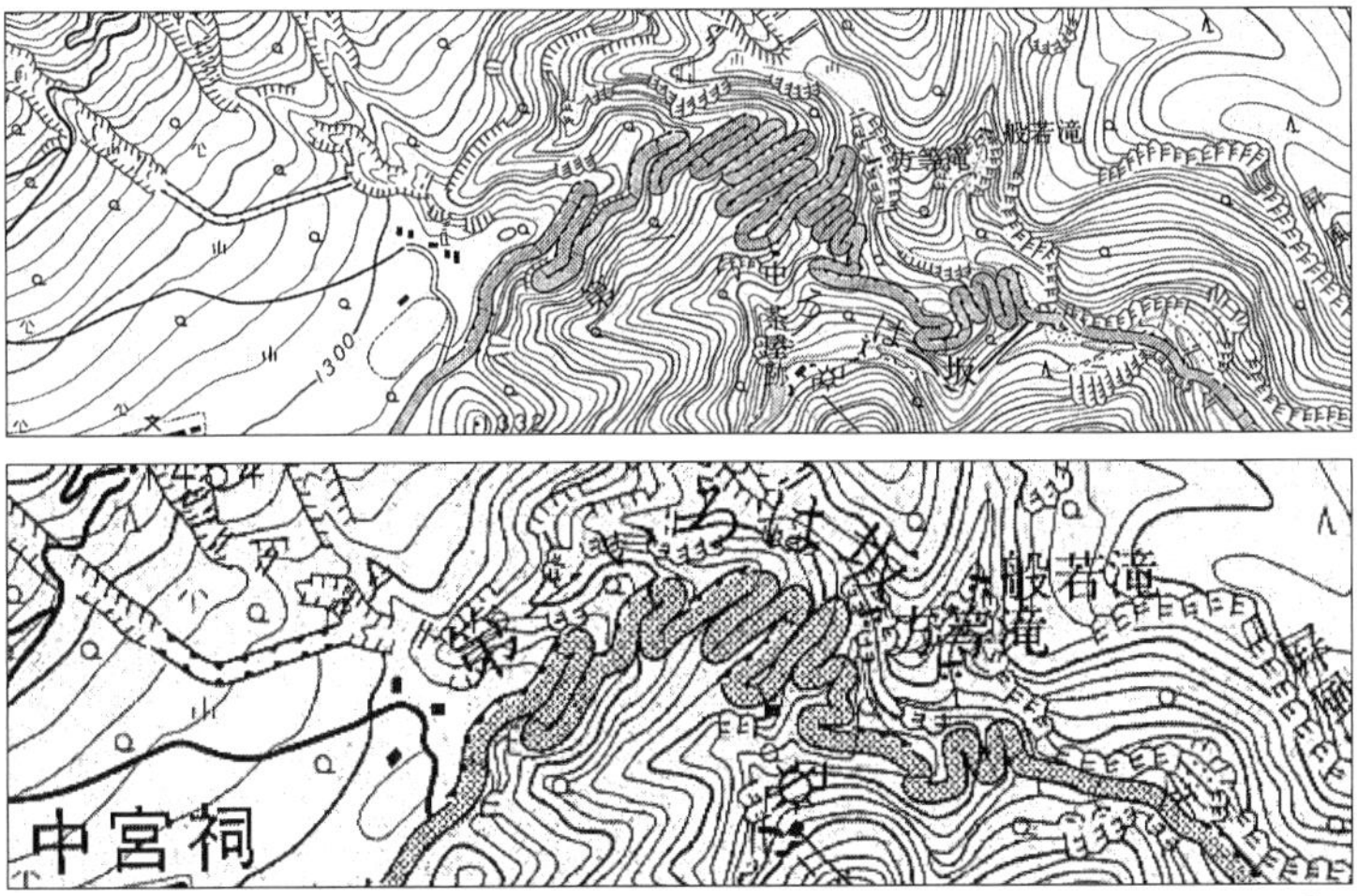

日光の「いろは坂」のカーブは、縮尺に応じて間引いて表現される。上は 1:25,000「日光南部」平成２年修正、下は 1:50,000「日光」平成 14 年修正×2.0。

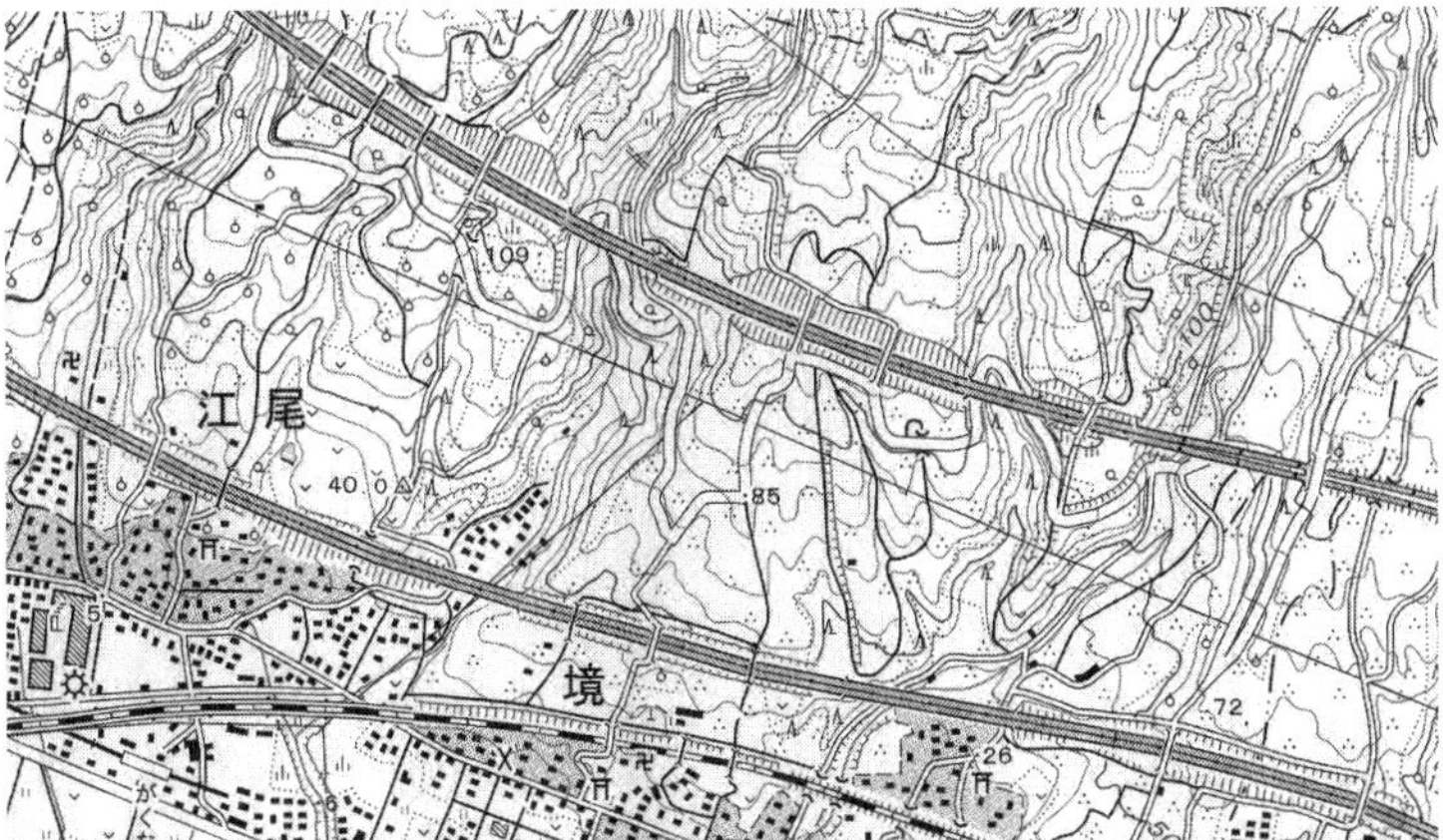

新旧の東名高速道路。北側の新東名の方が設計速度が速いのでカーブが緩い。最下段は東海道新幹線で、ここは半径 3,500 メートル。1:25,000「沼津」平成 24 年更新

されていて、現在は全部で一八四か所あるが、私が以前に歩いた時には一〇八か所だった。おそらくカーブの数え方を変えたのだろう。煩悩の数を意識したのか、などと考えながら最後のカーブを抜けて軽井沢の高原に入ったものである。峠道はほとんど森の中なので、時折り数匹の野猿が現われて遠くから監視されるのを除けば変化は少ない。

群馬県側の横川駅から軽井沢駅までこの国道を歩いて峠を越えたのは一度だけだが、歩きの場合は着実にその数字が増えていくのが励みになる。ところで、この数字は何を基準に振られているのだろうか。全線にわたってカーブが連続していて直線になることは滅多にないので、右カーブの後に左カーブが来たら数え直すというのはわかるのだが、右カーブが少し緩くなって次に急な右カーブに変わると再カウントされる。何か独自の規程でもあるのだろう。

このように多くのカーブが連続する葛《つづら》折りの坂道は、地形図で見ながら登っても現在地の確認が難しく、なかなか苦痛になってくるので途中で諦めた方がいい。なぜなら数が合わないことがあるからだ。これは、もともと太めに描かれている図上の道路を、ヘアピンカーブの連続を縮尺通りに描けば線が重なり合って描けないので、適度にカーブの数を間引いている場合があるからだ。碓氷峠はおそらくカーブの省略はないが、これよりさらに急カーブの度が強い日光の「いろは坂」はよく引き合いに出される。二万五千分の一地形図ではギリギリ全部描かれているのだが、五万分の一地形図では前頁の上図二段目に明らかなようにカーブがかなり省略されているのだ。

しかし「そんなの詐欺ではないか！」といきり立ってはいけない。地図表現には独自の基準があり、縮尺によって忠実にカーブを表現すると「団子状態」になってしまうなどの場合は、いくつか省略することが昔から認められている。これが地図表現における「総描」（英語ではGeneralization）の一種で、他にも集落の様子の表現を、たとえば一軒一軒すべて描いてしまうと煩雑で他のモノや地名の文字が見にくくなる場合、縮尺に応じて集落を面で表現する手法などもその例だ。デジタル時代だと「適度な省略」はかえって難しいのだが、地図を見るのが古くから変わらない目と脳を持った人間であるので、多少の面倒は辛抱してもらうしかない。重要なのは「こんな風に葛折りになってますよ」というメッセージなのである。

さて、道路のカーブにもいろいろあるが、当然ながら高速道路は緩く設計されている。山がちのルートでカーブが目立つ中央自動車道などでも、その曲線半径はふつうの道路よりはるかに緩く、おおむね在来線の鉄道と同程度に大きく確保されている。「急カーブ注意」の標識があっても半径三〇〇メートル程度だ。これがたとえば時速二〇〇キロを超える新幹線になるとさらにカーブは緩く、東海道新幹線なら二五〇〇メートル以上、山陽や東北新幹線になると四〇〇〇メートルという大きなものとなっている。ただし全列車が停車するような大都市の市街地には例外的に急なカーブが存在する。

地形図に描かれた並木

「東武鉄道のトンネル」と聞いて、どこか思い浮かぶ場所はあるだろうか。とうきょうスカイツリー駅の隣にある曳舟《ひきふね》駅から半蔵門線押上《おしあげ》駅へ直通する地下区間もトンネルには違いないが、それを除けば全線四六三・三キロに達する東武鉄道の全線を探してもトンネルはただ一か所しかない。それは日光線の明神《みょうじん》〜下今市《しもいまいち》（日光市）間にある長さわずか四〇・二メートルの十《じっ》国坂《こくざか》トンネルである。

日光線とほぼ並行している日光例幣使《れいへいし》街道の下をくぐるもので、本来なら堀割にでもするところを、由緒ある杉並木に影響を与えないための配慮として建設された。ちなみにこの区間の開通は昭和四年（一九二九）のことである。環境保護のためにトンネルを掘った戦前の事例は他にあまり聞かないが、関東大震災後の復興事業で景観に配慮した街づくりが実行されたことを考えれば、「景観など二の次」で経済性ばかり追求するようになったのは高度成長期という特殊な時期の話である。

さて、ここの杉並木は地形図では「針葉樹の並木」という表現になっている。具体的には針葉樹林の記号を二ミリ間隔で道路の両側に並べたものだ。戦前の図式では小さい〇印を等間隔に並べた「並木」の記号があったが戦後になって廃止され、その代わりに「樹林」記号を流用

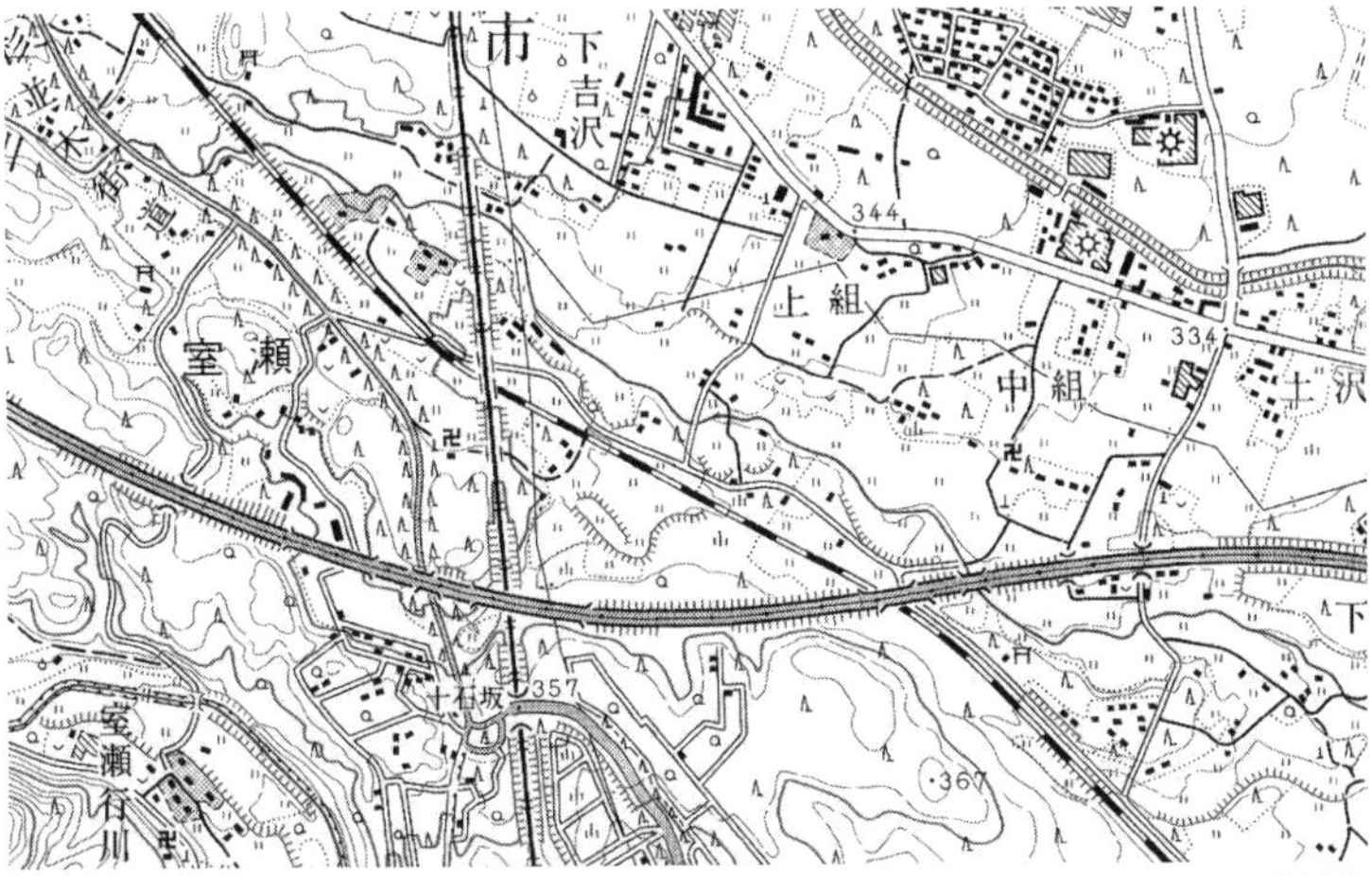

針葉樹林記号の連続で示された日光例幣使街道の杉並木と、それをくぐる東武日光線十石坂トンネル。1:25,000「今市」平成13年修正

江戸初期開削の玉川上水と並行する五日市街道に植えられた桜並木（広葉樹林の記号）。1:25,000「立川」平成24年更新

することとしたのである。フェニックス並木では「ヤシ科樹林」の記号が並ぶ。

針葉樹林の並木といえば、筆者が見た中で最も印象的だったのが、滋賀県の琵琶湖北西岸にある高島市マキノ町にあるメタセコイアの並木だ。南北にまっすぐ走る県道二八七号の両側に「農業公園マキノピックランド」の防風林として延々一・八キロにわたって植えられたもので、歴史は意外に新しくて昭和五六年（一九八一）の植林。樹種として成長が早いことからメタセコイアを選んだというが、落葉針葉樹なので見事な紅葉風景でも知られるようになり、日本観光協会による「日本紅葉の名所100選」に選ばれた。

広葉樹の並木は全国の都心部で多く見られるが、東京でいえば表参道が代表だろうか。大山街道（青山通り）から明治神宮への参道として建設されたちょうど一キロの直線道路で、神宮の造営に合わせて大正八年（一九一九）に完成した。当時から並木として欅《けやき》が植えられたが、空襲により焼失したため大半は戦後に植え直されたものだという。それでも七〇年近い歳月で成長した亭々たる巨木が提供する木陰は上質だ。上から見れば直線だが、渋谷川の上流部の谷を通過するため良い感じの坂道になっている。

江戸時代からの並木として知られているのが玉川上水の桜並木。江戸市民の飲料水を羽村《はむら》の多摩川からはるばる四三キロの開渠で運ぶ上水であるが、並木は五日市街道に沿って延々と続いており、東京有数の花見の名所として知られる小金井公園の桜と合わせて訪れる人はまさに雲霞の如くだ。ここでも地形図には長い距離に渡って広葉樹林の記号が延々と並べられており、

「立川」と「吉祥寺」の二図にわたって六・七キロにわたっている。

そこからほど近いのが中央線国立《くにたち》駅前からまっすぐ南下する大学通り。関東大震災後に都心からここへ移った東京商科大学（現一橋大学）を中心とする計画的学園都市のメインストリートで、この通りには京王電気軌道（現京王電鉄）が府中方面から国立駅前を結ぶ路面電車も計画していた。並木は桜と公孫樹《いちょう》が交互に植えられた贅沢なもので、すでに九〇年を超えた学園都市の風格を高めるのに貢献している。

近世を今に伝える宿場町

江戸時代の「五街道」のうち、特に有名でかつ当時も交通量が格段に多かった東海道は、その五三か所の宿駅もろとも近代に入って都市化が著しく進み、宿場町の姿をとどめないほど激変した市街が多い。しかし東海道の宿場の中でも近代交通のメインルートから外れた場所、または中山道や甲州道中などに置かれた山間の小さな宿場には、江戸のたたずまいを今も伝えるところは少なくない。

地形図で宿場町を一見して誰もが認める特徴といえば「街村」という形態だ。街道に沿って細長く家が建ち並ぶ形であるが、限られたスペースに家を多く詰め込むため、必然的に間口が狭く奥行きの深い短冊状の地割りが一般的である。また防衛の観点から宿場の端あたりで意図的に道路を鍵型に曲げた例も多く見られる。所によっては曲尺のような道路形状であることから曲尺手町《かねんてちょう》（愛知県豊橋市）、曲尺手町《かぎのてちょう》（水戸市＝現存せず）、金手町《かねんてまち》（甲府市＝現存しないが身延線の駅名に残る）などの地名も生まれた。

しかし泰平の世に入ると、この屈曲も性質を変えていくようで、たとえば徳川家康生誕の地である三河の東海道岡崎宿（愛知県岡崎市。これにちなむ康生通《こうせい》という町もある）では、旅人に「二十七曲り」といううきわめつけの屈曲コースをたどらせている。必死に防衛しなければならないような軍勢が襲って来ることも絶えて久しくなれば、この屈曲が旅人の金を落とさせる仕掛けに転じたという説も信憑性を帯びる。

旅籠が一〇〇軒を超える岡崎のような巨大な宿場のある東海道に比べて、通る大名も格段に少ない中山道や甲州道中には規模の小さな宿場が多く、そうであればひとつの村が「通年営業」するのも負担が重くて難しい。そこでとられた対策が「合宿」である。サークルとかゼミのそれを連想してしまうが、この時代の合宿は数か村で宿場の役割を分担してつとめる制度で、特に山間地にこれが目立つ。

たとえば甲州道中の難所・笹子峠の東側。現在のＪＲ中央本線笹子駅付近の阿弥陀海道《あみだかいどう》宿（本陣・脇本陣の他に旅籠は四軒のみ）は、毎月一六日から二二日の七日間のみ宿場の仕事をつとめていた。他の日は西隣の黒野田《くろのた》宿が一日から一五日の半月間、東隣の白野《しらの》宿が二三日から晦日（旧暦二九日または三〇日）という具合に、村の規模などに応じた負担をしていたので

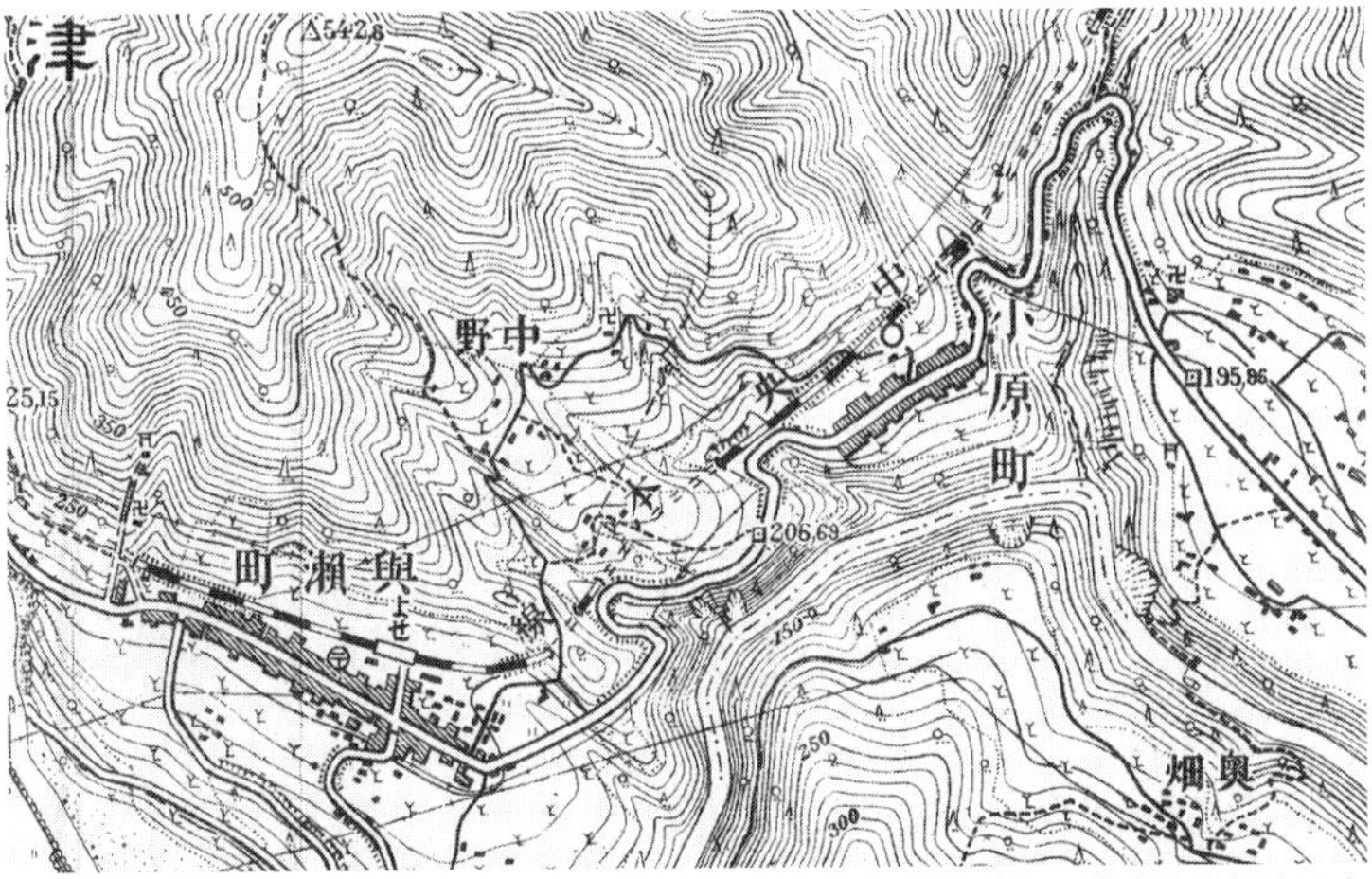

甲州道中の小原宿と与瀬宿（現相模湖付近）は、東行と西行で宿場の仕事を分担する合宿。図の当時は別々の自治体であった。1:25,000「与瀬」昭和 4 年測図

江戸時代のたたずまいが残る馬籠（まごめ）宿。旧中山道に沿って発達した家並みが図に示されている（着色は筆者）。1:25,000「妻籠」平成 12 年修正

ある。江戸にほど近い現在の東京都調布市でも、国領《こくりょう》（二五〜晦日）・下布田《しもふだ》（一九〜二四日）・上布田（一二〜一八日）・下石原（七〜一二日）・上石原（一〜六日）の各宿場がおおむね六日ずつ分担している。同じ甲州道中でも現在の相模湖に近い神奈川県相模原市緑区にあった小原宿《おばら》（前頁の上図）は西行き専用で、隣の与瀬宿《よせ》は東行き専用であった。要するに上下別のインターチェンジのような位置づけだ。

山間の宿場町は、明治三〇年代から本格化する鉄道の開通とともに衰微していくものが少なくなかったが、「発展」から取り残されたがゆえに、江戸時代そのままのたたずまいを残す宿場では、これを観光に活用しようと取り組むところが現われた。その代表例が長野県南木曽町《なぎそ》の妻籠宿《つまご》と岐阜県中津川市（旧長野県山口村）の馬籠宿《まごめ》（前頁の下図）である。両者とも中央本線のルートから大きく外れたところであるが、まだまだ「破壊―新築こそ善」という風潮の根強かった昭和五〇年代から街並み保存が行われ、人気の高まりとともに侵入する「観光産業」から景観を守る努力も積み重ねられてきた。外国人を含め多くの観光客に変わらぬ支持が得られている背景には、まさに住民の意識の高さがあるのだろう。

旧市街のクランク―遠見遮断

日本の街で自動車を運転していて、突き当たりを右へ曲がってすぐ左という場面は珍しくな

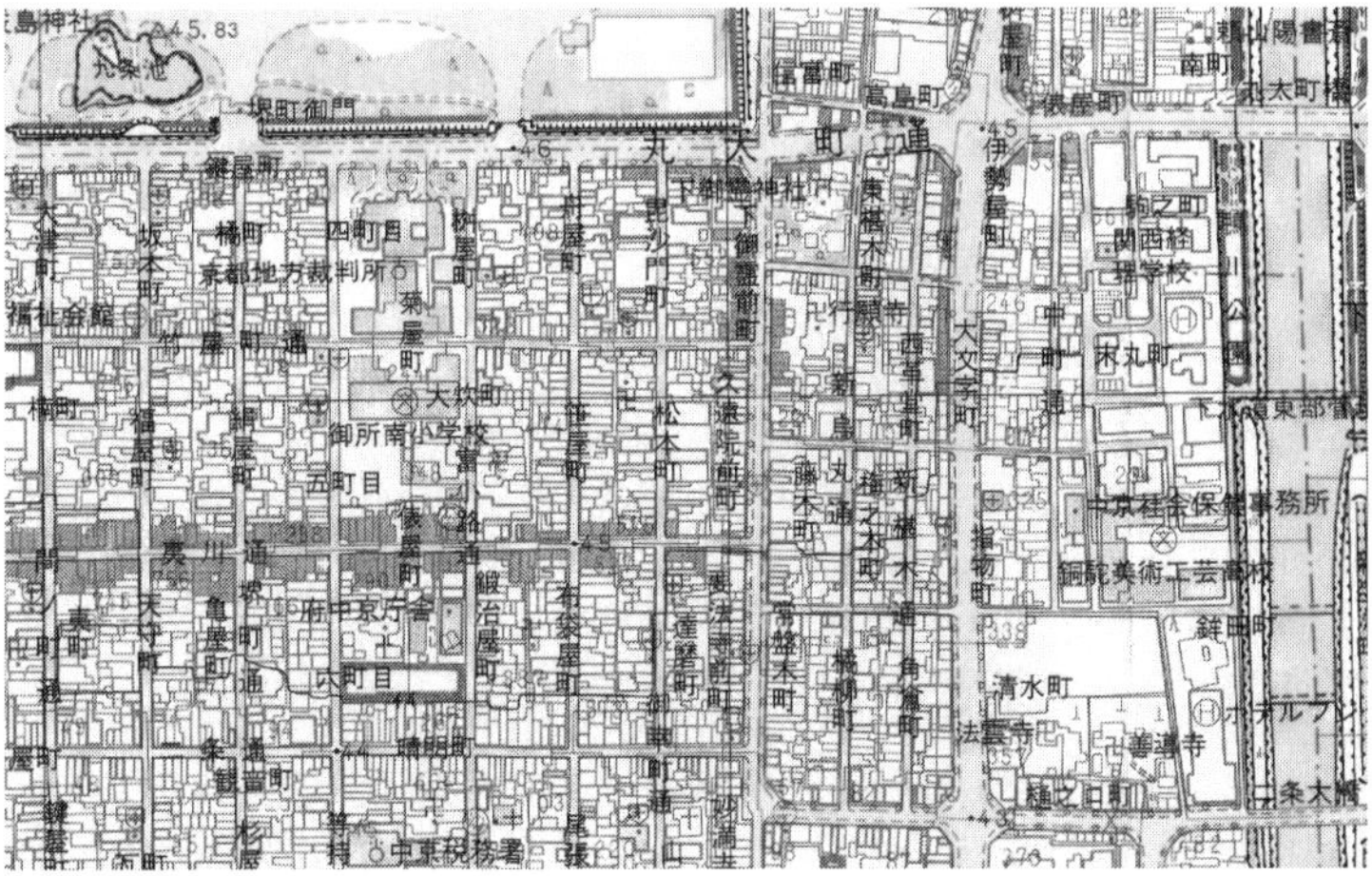

豊臣秀吉が設けた遠見遮断。図中央を南北に走る寺町通を境に東西の通りが不連続。
1:10,000「京都御所」平成８年修正更新

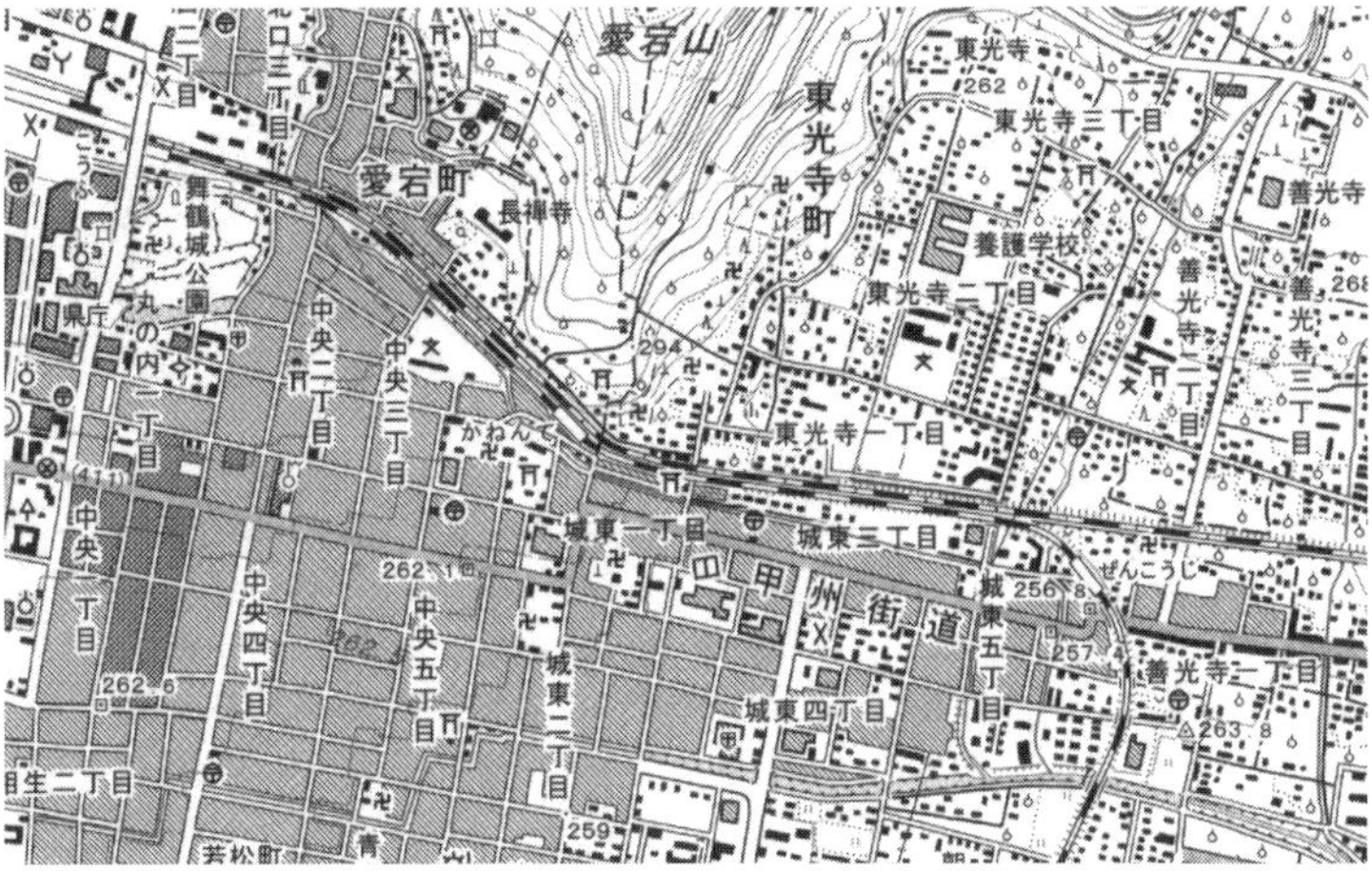

甲府旧市街東端の金手町。JR 身延線の金手（かねんて）駅南側に見える国道の屈曲が町名の由来。1:25,000「甲府」平成 18 年更新

い。特に古くからの都市にはこれが目につく。戦後の高度経済成長期以降は爆発的に自動車の交通量が増え、このような構造ではたちまち渋滞が発生してしまう。それを防ぐためにこのような交差点の解消は各地で行われてきた。

なぜそのようなクランク交差点が発生したかといえば、昔の都市計画がデタラメだったからではなく、防衛のために意図的に道路を食い違わせたのである。これは都市や集落を防衛する側に立って考えればすぐわかるが、槍や弓矢を持ち、あるいは鉄砲で武装した敵が集団で攻めてきた場合、まっすぐの道だと容易に突撃されてしまうからだ。守る方としては敵の矢面に立つことなく食い違い交差点の物陰に隠れて防戦できる寸法だ。この仕掛けを「遠見遮断」と呼ぶ。

京都などは平安京以来の碁盤目なのでクランクとは無縁と思いきや、実は食い違い交差点がいくつも存在する。もとは単純な碁盤目だったのだが、豊臣秀吉が京都の防衛力を増強するために行った都市改造で意図的に設けられた。まず御土居（土塁）で街全体を囲み、市街東端にあたる南北の通り（寺町通）を境に遠見遮断を設けたのである。それまで洛中に点在していた寺院はこの時に通りの東側に集中させられた。地図でこの通りを丸太町との交差点から南へたどるとわかりやすいが、多くの場所で東西に抜けられない構造になっている。御池《おいけ》通や三条通などの大通り以外は、たとえば二条通でもクランクしているのが象徴的だ。遠見遮断は街道の宿場町でも多く見られ、近世の東海道を見渡しても程《ほど》ヶ谷（横浜市保土ヶ谷区）、小田原、府中（静岡市）、掛川、吉田（豊橋市）、岡崎、桑名、四日市、亀山など数多い。

戦後にはこれらの遠見遮断も自動車にとっては迷惑で、出会い頭の衝突や人身事故、渋滞などマイナス面が目立ったため、次々と解消されていった。改造方法としては突き当たりをぶち抜いて丁字路を十字路に改める手法が主流だが、クランクの度合が少ない場合は拡幅をやりくりしてそのまま歪んだ十字路に改める方法も用いられた。もっともそれらの微修正では激増する交通量を収容できないため、根本的な解決策として郊外を経由するバイパスや高速道路の建設が主流になっていく。

甲州街道の宿場でもある甲府では東口にあたる金手町《かねんてまち》は前述の通り、この遠見遮断に由来する地名である。現在でも国道四一一号が江戸時代そのままに屈曲して曲尺（カネの手）のように曲がっているが、残念ながらこの町名は昭和三九年（一九六四）に城東の一部となって消えている。愛知県豊橋市の曲尺手町《かねんてちょう》は町名の方は残っているのだが、道路網が整備されてしまい、肝心の屈曲はひとつも残っていない。

時代は後になるが、フランスのパリでもナポレオン三世統治下（第二帝政）のセーヌ県知事オスマン（一八五三〜七〇年に在職）が実行した都市改造で、見通しが利かない古くからの狭い路地が強制的に廃止された。広場を中心とした一直線の道路で街路が構成されるようになったが、これは民衆の反乱を抑止するためとされる。ナポレオン三世が「遠見遮断」を嫌ったのである。

地図に遺る円弧の謎

地図には直線が目立つ。たとえば中央線の線路は東中野駅の手前から立川駅の少し先までほぼ二五キロにわたってまっすぐだし（実際には駅構内や高架化などの都合で細かく曲がっているが）、北海道の平地では直線の組み合わせによる碁盤目の道路が基本だ。当然ながら空港の滑走路は曲がっていたら大変だし、橋もよほど込み入った事情でもなければ曲がる理由はない。市町村界も意外に直線的なものが多いし、サハラ砂漠にかかるアフリカの国境など、旧宗主国が勝手に引いた「直線」が民族の生活エリアと無関係に横断している。そういえばアメリカ合衆国の州境もまっすぐなのが多い。

それでは、地図上の円形はどうだろうか。以前に取り上げた爆裂火口湖（マール）などが当てはまりそうだが、これは真円というわけにはいかない。人工的に作られた円弧は直線よりはるかに少ないけれど、意外なところに点在している。左の上図は東京都目黒区の住宅地の中にある道路だが、図の右端付近できれいな円弧状に半周し、その先は南側のみ円弧の続きが直線コースになっている。

すぐ近くを通る目黒通りのバス停の名前が「元競馬場前」であることを知れば、なるほどと納得するだろう。ここには明治四〇年（一九〇七）から昭和八年（一九三三）まで東京競馬場

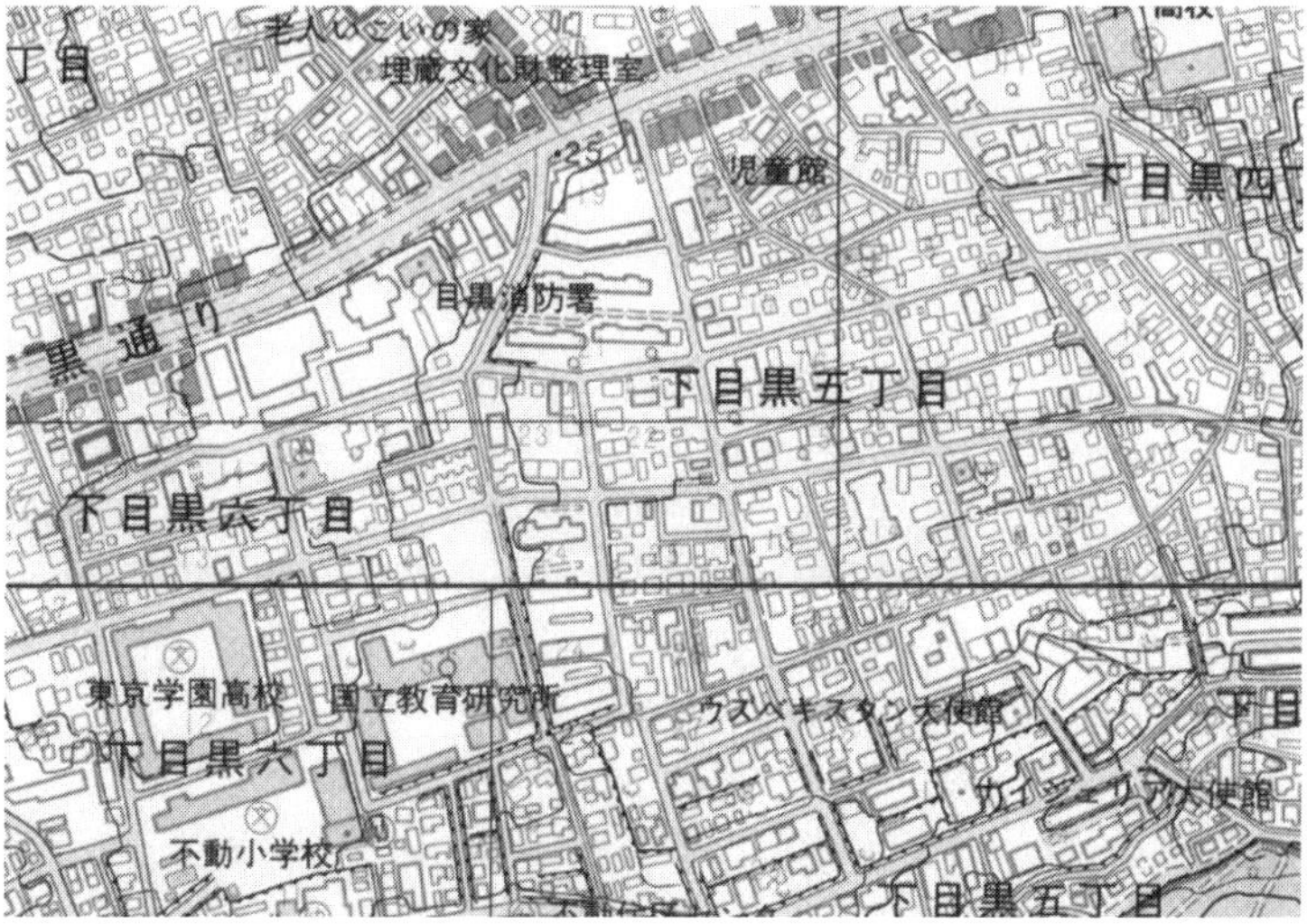

86年前に移転した東京競馬場のコースの痕跡が今も円弧を描く目黒区下目黒の住宅地。1:10,000「渋谷」平成11年修正+「品川」平成11年修正

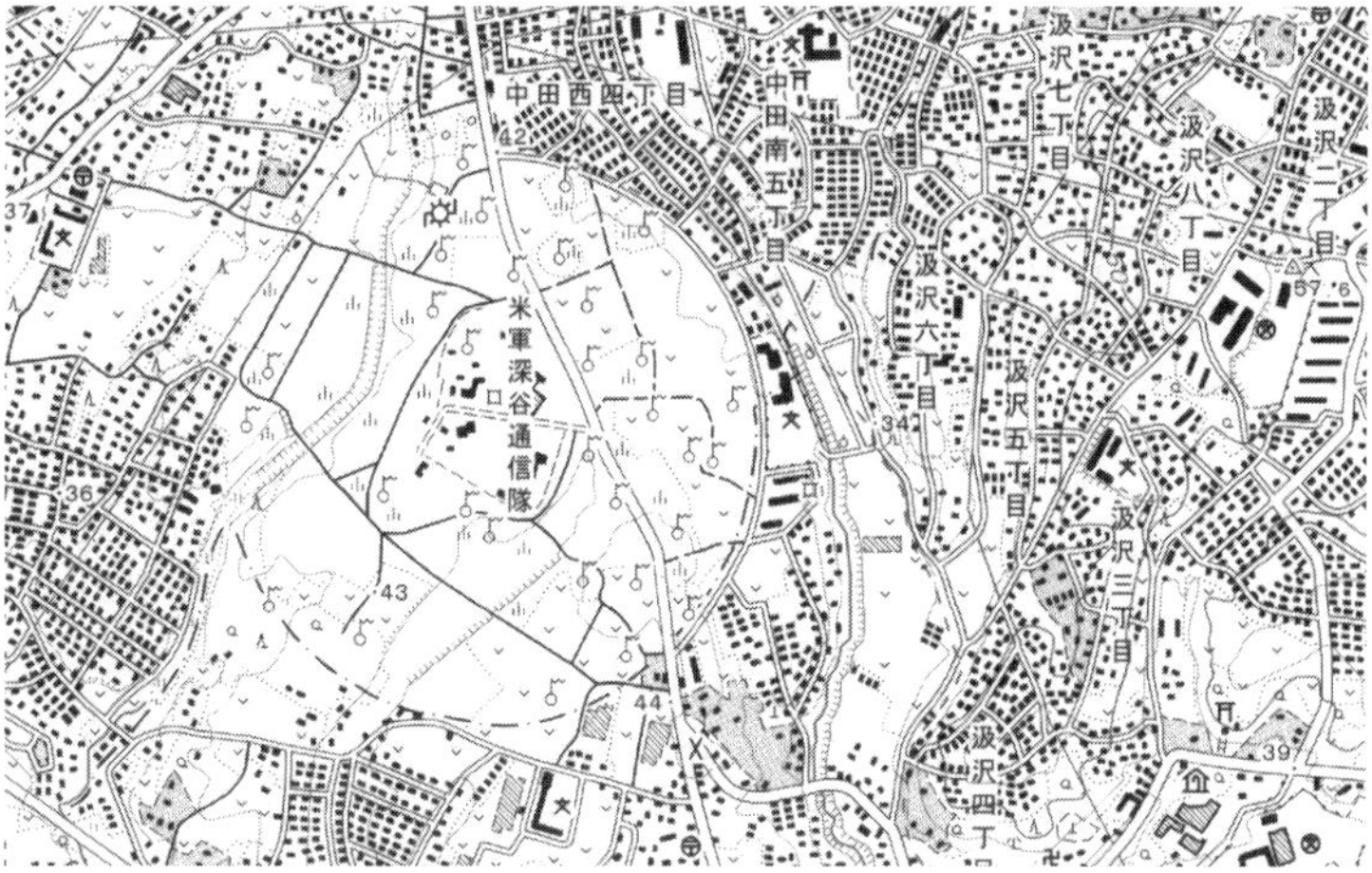

米軍通信所（現在は跡地）の円形がきれいに浮かび上がっている。1:25,000「戸塚」平成19年更新

があり、その移転先が現在の府中市である。移転した年代からもわかるように、大正の後半頃から当時の郊外であった目黒村（大正一一年から目黒町）の人口は激増していた。やはり急上昇していた競馬人気に応えるべく観客席なども拡張したかったのだが、ままならず府中移転と相成ったという。

実際に現地へ行ってこの円弧道路を歩いたこともあるが、おおむね道幅三メートルほどの何の変哲もない生活道路で、両側にはふつうの家屋が並んでいるため、円弧を歩いていることはあまり意識しない。それでも電柱に気をつけて上を見ながら歩いていると「馬場支」というNTTのプレートが発見できるはずだ。

廃止された競馬場は全国各地にあり、コースの痕跡が残っているものもある。たとえば松江市の浜乃木《はまのぎ》にあった松江競馬場は昭和一二年（一九三七）に廃止されたが、その跡地は目黒のように一部ではなく、コースの一周全部が道路として住宅地の中に残っているのが見事だ。ただし東京競馬場よりだいぶ小ぶり。スペースの関係でここには載せられないが、「松江市浜乃木」の町名を地理院地図やグーグルアースで検索すれば誰でも簡単に見られる。

さて、前頁の下図は横浜市泉区和泉《いずみ》町と中田《なかた》町にまたがっているエリアだが、このはっきりした南側の円弧は道路が途切れている代わりに泉区と戸塚《とつか》区の境界になっており、図では道路を補完して美しい真円を見せてくれている。これは米軍の旧深谷《ふかや》通信所で、戦前には日本の海軍が無線送信所として使っていたものだ。電波の干渉を防ぐため、送信施設を中心に半径五〇

○メートル弱のきれいな円形の施設として建設されたためだが、米軍が通信機能を集約するなどして不要となり、平成二六年（二〇一四）には日本に返還され、今後の土地利用が検討されている。

千葉県船橋市の行田《ぎょうだ》も印象的な円形だ。こちらも戦前に海軍の船橋送信所として使われた場所で、太平洋開戦の電文「ニイタカヤマノボレ」が送信されたとの説もある。今では団地や公園などに変貌しているが、外周の円形がそのまま道路になっているので、地図上では丸い形が目立つ。ちなみにこのすぐ北西側には中山競馬場の長円形があるので対照的だ。

ひょろりと細長い境界の謎

次頁の上図は、一世紀ほど前の明治四一年（一九〇八）に測量された地形図である。大和川《やまとがわ》を渡る下高野《しもこうや》橋の南側に見えるのは阿麻美許曾《あまみこそ》神社だが、そこからほぼ南に向かってまっすぐ突き出した一点鎖線が印象的だ。これは町村界で、その境界線が二重なのでエリアが細長く伸びていることを示している。具体的には川の北側に位置する矢田《やた》村が、南側の天美《あまみ》村のエリアに、まるで注射針を差し込むが如く食い込んでいるのだ。ちなみに天美村とは前述の神社名（阿麻美）に由来する明治期の行政村名で、現在では近くに近鉄南大阪線河内天美《かわちあまみ》駅がある。

その針先にある横線状の記号は「鳥居」を意味し、要するにそこから神社までの参道と神社

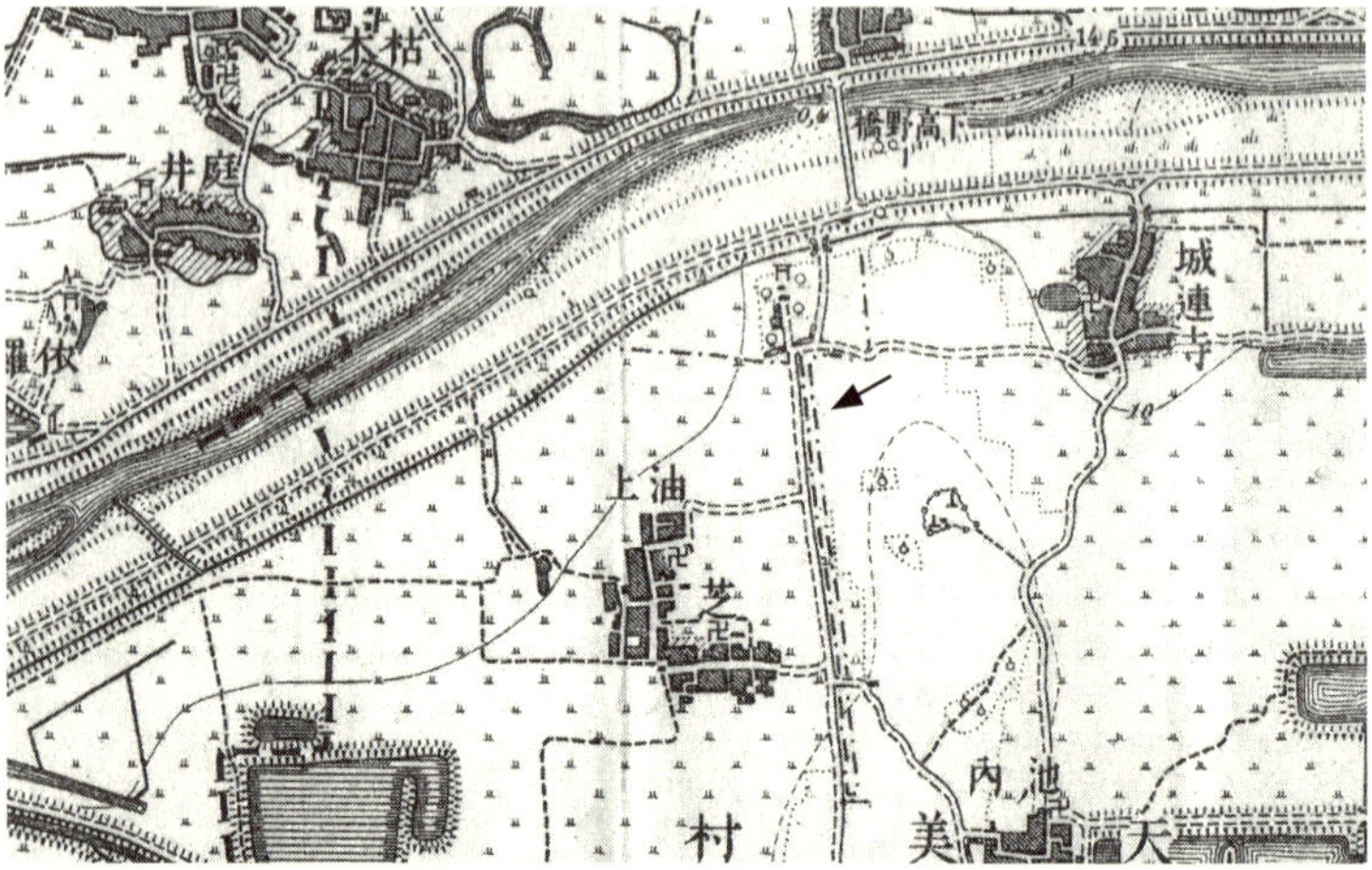

矢田村（現大阪市）が天美村（現松原市）に細く刺さったエリア（矢印）。阿麻美許曾神社の境内と参道にちなむ境界。1:20,000「金田」明治 41 年測図

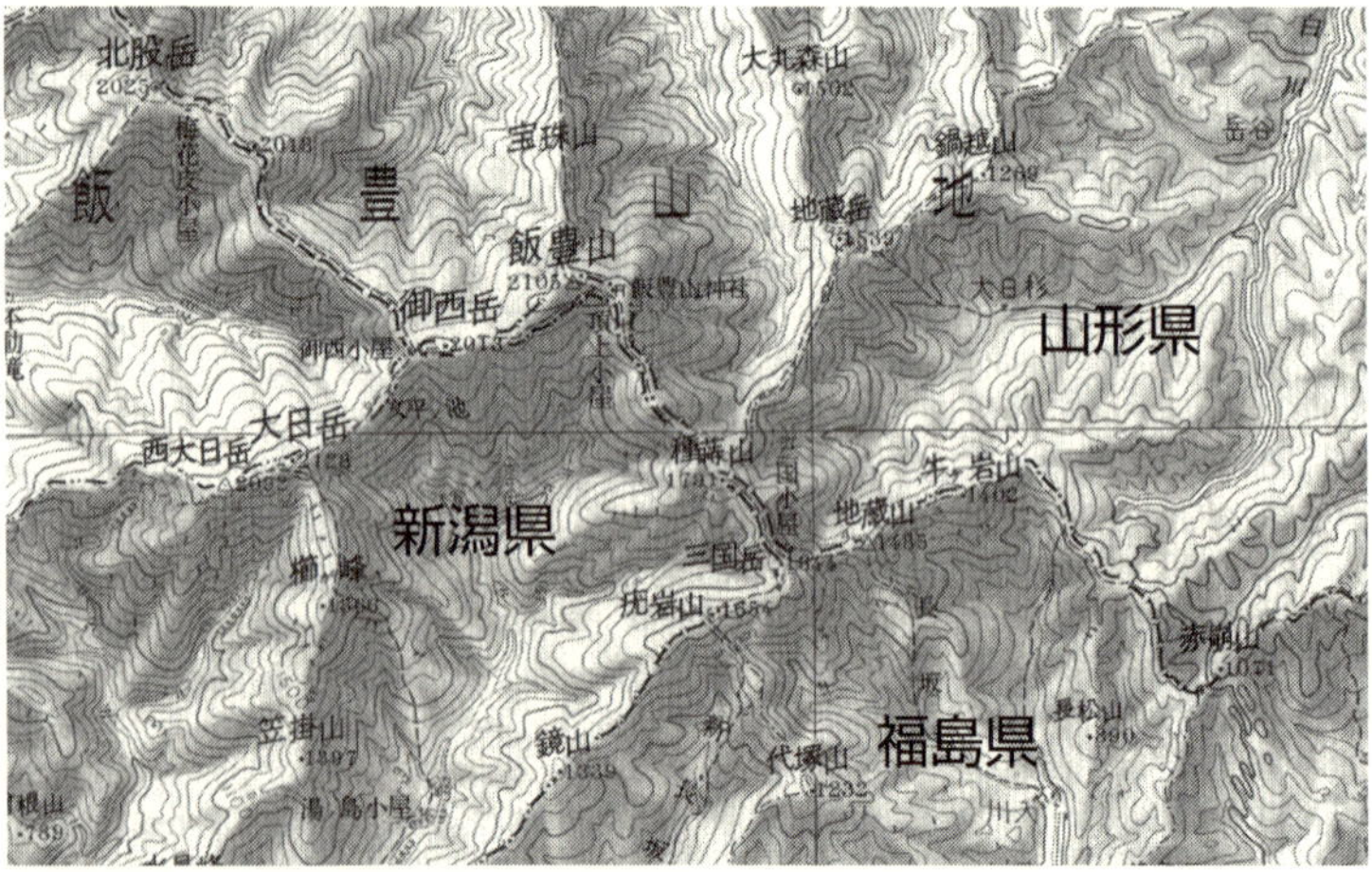

飯豊山神社の境内地と参道が福島県の細長い「はみ出し」である。1:200,000「新潟」平成６年要部修正に県名を追加。

の境内地だけが矢田村なのだ。この阿麻美許曾神社は平安時代の延喜式神名帳にも載っている由緒ある社であるが、江戸時代の宝永元年（一七〇四）に大和川が人工的に付け替えられた際に、境内の北側を放水路が通って村を分断してしまった。川の南北で村境をすんなりと分けられれば良かったかもしれないが、鎮守とその参道だけは南側の村に「割譲」されず、引き続き北側の村にとどまったため誕生したのがこの「注射針」である。

地形図によれば参道の東は畑、西は田んぼが広がっていたようだが、大正一二年（一九二三）に大阪鉄道（現近鉄南大阪線）が通ってから都市化が進み、今では家屋がびっしり建て込んでいる。この間に両側の自治体も北の矢田村が大阪市東住吉区、南の天美村が松原市と変わったけれど境界そのものはほぼ変わらず、松原市天美の宅地の中に大阪市の細長い敷地が食い込んでいる。現在の図は密集市街地で境界がわかりにくいので、一世紀前のを掲載した。住宅地図レベルの詳しい地図でよく見ると、府道の中心線から東側の家一軒分に満たないおおむね幅三〜一〇メートル、長さ約六二五メートルがこの領域で、明治の地形図には下高野街道の東にぴったり並行したスペースとして描かれているのは、街道に沿った参道が別個に存在したためではないだろうか。いずれにせよ図上の「奇観」である。

この図の西側に見える太い境界線は「国界」という記号で、ここでは摂津・河内・和泉―大阪府を成す「摂河泉《せっかせん》三国」を分けている。このうち東部が河内国中河内《なかかわち》郡（明治二九年までは丹北《たんぼく》郡）、北西部が摂津国東成《ひがしなり》郡、南西部が和泉国泉北《せんぼく》郡（明治二九年までは大鳥郡）となっていて、三つの国が大和川の中で境を接していた。ただし、明治四年（一八七一）に行われた境界変更まで三国が境を接する場所は、その名も「三国ヶ丘」にあり、堺という地名もこの境界に由来するという。ちなみに図の範囲は現在、河内国が大阪市東住吉区と松原市、摂津国が大阪市住吉区、和泉国が堺市北区となっている。

このようにひょろ長いエリアとして最も知られているのは飯豊山《いいでさん》だろうか。この山は新潟・福島・山形の三県にまたがっているのだが、かつての越後・陸奥（岩代）・出羽（羽前）の三国が境を接する三国岳から飯豊山に向かって福島県が細長くはみ出している。これも阿麻美許曾神社と同様に飯豊山神社（奥宮）の境内および参道が福島県領であるためだ。明治期には山頂部分が一旦新潟県に組み込まれたのに福島県側が強く異を唱え、最終的には山頂の境内地と参道が一ノ木村（現喜多方市）のエリアであるとの主張が認められている。これで約二〇キロも離れた麓宮と行政区画が一致することとなった。ふだん何気なく通る参道ではあるが、実は行政界を左右するほどの力を持っているのだ。

こんな所に…意外に多い飛び地

埼玉県の中に東京都の小さな飛び地があることはあまり知られていない。それもそのはずで、埼玉県新座《にいざ》市片山の町内にある東西六〇メートル、南北三〇メートルほどのきわめて小さな一角（西大泉町一一七九番地）である。東京都練馬区「本体」の西大泉六丁目からはわずか五五メートル離れているだけだ。詳しい地図で見れば一二軒がこのミニ飛び地に所属しているが、本体に近いのでゴミ収集や学区などは少々の越境になるが問題ないという。郵便番号も周囲の三五二－〇〇二五とは別で一七八－〇〇六六と練馬区の扱いだが、この番号は西大泉「町」の専用で、西大泉の一七八－〇〇六五とは一番違い。要するに飛び地の一二軒専用の番号なのである。

なぜここだけ旧来の西大泉「町」として残ったかといえば、このエリアが埼玉県新座市に編入される方針が昭和四九年（一九七四）には決まったにもかかわらず、住民全員の同意が得られないので当分は存続ということになり、そのため住居表示の実施が見送られたという事情のようだ（西大泉もかつては西大泉町）。だいぶ前の話だが、平成七年（一九九五）に筆者はここへ行ってみた。当時は畑が半分を占めていたので六軒だけであったが、練馬区側の住民に聞いたところ、ブロック塀で仕切られただけで外見は何も変わらない埼玉県の隣家より地価が二割方高いという証言を得た。こうなると編入もなかなか容易ではない。

平坦地の飛び地は江戸時代に行われた新田開発などの都合で所属する隣村がたまたま別の県になるケースも少なくないが、大阪の伊丹空港のターミナルビル周辺も同様で、兵庫県伊丹市と大阪府豊中市にまたがっており、池田市の飛び地も点在している。その豊中市の中には伊丹市のごく小さな飛び地が大阪モノレールの線路にかかっており、上下線合わせて約三〇メートルに過ぎないものの、同線としては唯一他県を通る区間だ。ただしホーム終端の先なので一般乗客は乗れないが。

河川改修で飛び地が発生することもある。東京都町田市と神奈川県相模原市の境界をなす文字通りの「境川」は、近世初頭から武蔵国多摩郡と相模国高座《たかくら》郡が接する国境であった。川は細かく蛇行しており、境界は昔からそれに忠実に沿っていたが、豪雨があると暴れ川となって周辺の土地を浸水させてきたため、近年になって河川改修が進み、相模原市緑区の橋本より下流側はまっすぐな河道にコンクリート護岸という都市河川に変貌している。

都県境もそれに合わせて変更すればわかりやすいのだが、個々の住民の立場からすればそう簡単ではない。住民税から学区、保育園の状況から上下水道など諸条件が両側で異なるため、境界の蛇行解消には対象エリアの住民の賛同が不可欠で、場合によっては新たな飛び地さえ誕生してしまう。具体的には相模原市緑区東橋本三丁目の中に東京都町田市小山町が一軒、逆に小山町の中に相模原市中央区宮下本町二丁目が一軒といった具合だ。いずれも何らかの事情を抱えているのだろう。

県の飛地として最も大きいのが和歌山県の北山村である。この村は三重県熊野市と奈良県十津川村・下北山村に挟まれていて、和歌山県の本体とは接していない。もとは熊野市側と同じく紀伊国の牟婁《むろ》郡に属していたが、同郡の東部が明治一一年（一八七八）に度会《わたらい》県（現在の三重県の一部・南北牟婁郡）に所属することになった際に、北山村のエリアだけが和歌山県にと

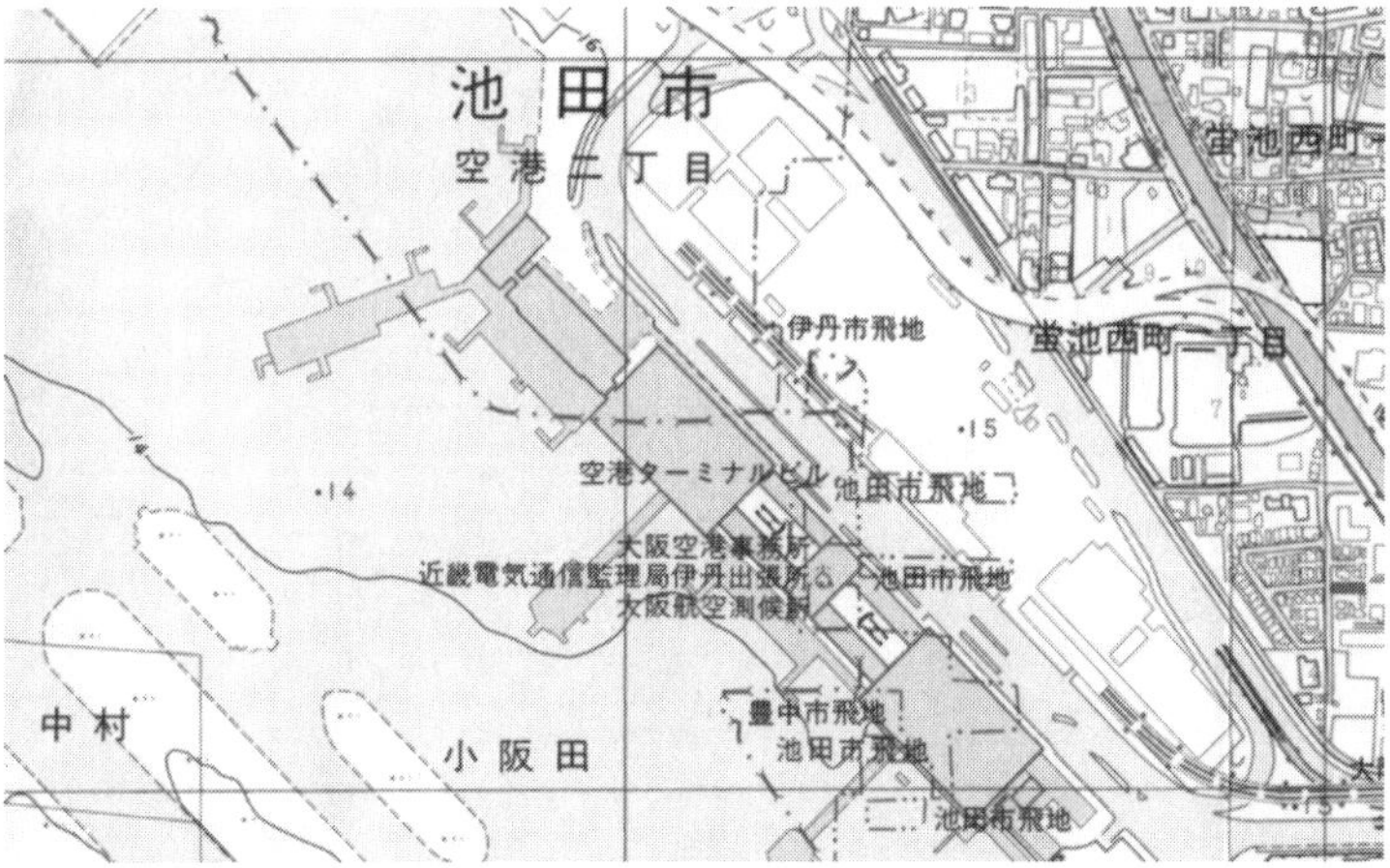

通称が「伊丹空港」であるように、大阪府と兵庫県の境界が入り組む大阪国際空港。1:10,000「豊中」平成7年修正

全国唯一の「飛び地の村」で知られる和歌山県北山村。北側は奈良県、南側は三重県に挟まれている。1:200,000「田辺」平成23年要部修正＋「木本」昭和58年編集

どまったため、この時から県の飛び地となった。その理由は木材を通じて和歌山県の新宮《しんぐう》との結びつきが強かったからとされる。都府県の飛び地は他にも小規模なものはいくつもあるが、全域が飛び地なのは北山村だけだ。

今も描かれる「国界」

国土地理院の発行する地形図では、行政界の記号として都府県界、北海道総合振興局・振興局界（旧支庁界）、市区町村界が定められている（「平成一四年図式」までは市郡界と町村界が区別されていた）が、二〇万分の一地勢図のみに存在している境界記号が「国界」である。

国界といっても日本の地図にはそもそも外国との国境を描くべき陸地がないので、こちらは武蔵と相模、薩摩と肥後といった古代以来の国のことだ。なぜ「旧国界」ではなくて「国界」かといえば、実はこれらの国は古代以来ずっと続いており、明治以降もまだ正式に廃止されていないためだという。

戦前の地形図、たとえば大正時代の五万分の一地形図「横浜」では欄外に記された行政区画の表示が、武蔵国橘樹《たちばな》郡、横浜市、久良岐《くらき》郡、都筑《つづき》郡、それに相模国鎌倉郡が図中に含まれ、それを管轄しているのが神奈川県というニュアンスになっている。

感覚的な話で恐縮だが、現在のざっと八〇歳以上の人の中には自らの出身地を「上州です」

とか「阿波の生まれで」などと話す人がいるのがまさにそれだ。周知の通り江戸時代には約三〇〇の藩や幕府の直轄領などに分かれてその境界は必ずしも国境とは一致せず、しかも藩領には膨大な数の飛び地も存在した。そのため藩（〇〇御家中）という支配関係ではなく、普遍的な地理的呼称である国・郡・郷で居所が認識されていたのである。

明治に入って廃藩置県が断行されて府県が新たに登場したとはいえ、決して「廃国置県」だったわけではなく、たとえば島津家の支配から明治政府の鹿児島県庁支配に替わっただけという意識で、あくまで薩摩は薩摩のままであった。日本初の地形図として明治一三年（一八八〇）から整備された二万分の一迅速測図でも、図中には大きな文字で「武蔵国」や「下総国」の文字を配している一方で、府県名は欄外に小さな字で「東京府」「千葉県」などと遠慮がちに記入されていたことがその傍証になるかもしれない。

国が今より重視されていた証拠に、昭和三〇年図式までは一万分の一、二万五千分の一、五万分の一地形図にいずれも「国界」が記されていた。次頁の上図は昭和二八年（一九五三）応急修正版の「横浜」の一部で、東海道本線の保土ヶ谷～戸塚間のあたり。箱根駅伝では最初の難所として知られる権太坂《ごんたざか》の付近である。この坂道を上りきった「境木町《さかいぎ》」の文字の下側にあるのが国界記号で、この北側が武蔵国、南側が相模国だ。今はどちらも横浜市で、このエリアでは保土ヶ谷区と戸塚区の境界に過ぎないが、東海道本線がくぐるのは短いながら国境のトンネルである（帷子《かたびら》川水系と境川水系の分水界でもある）。要するに今の横浜市は武蔵と相模

東海道本線が武相国境をトンネルでくぐる区間（保土ヶ谷〜戸塚）。現在は図の左下に東戸塚駅がある。1:50,000「横浜」昭和28年応急修正

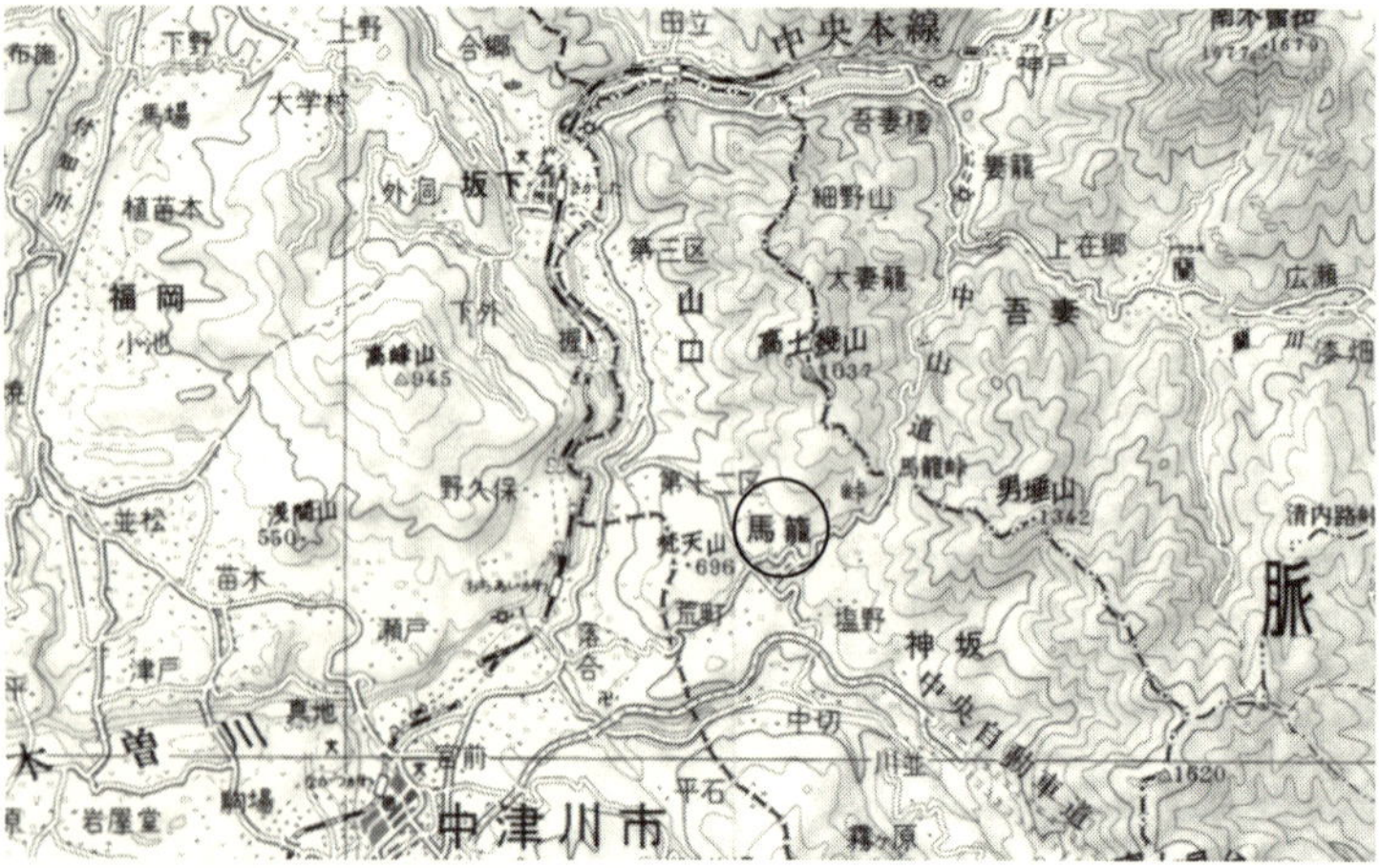

長野県山口村から岐阜県中津川市に所属替えとなった馬籠宿（○印）。1:200,000「飯田」平成17年要部修正

の両国にまたがっているのだ。

そもそも府県界と国界が合致しないことも多いが、戦後は市町村合併の都合で国界と県界が不一致となったケースも意外にある。たとえば右の下図は平成一七年（二〇〇五）に長野県から岐阜県へ越県合併が行われたエリアである。中央自動車道では最長の恵那山《えなさん》トンネルの西側だが、中山道の宿場の風情を色濃く残す馬籠《まごめ》宿はそれまで長野県木曽郡山口村だったのが、この合併で岐阜県中津川市の所属になった。賛成と反対の双方が激しく運動を展開してメディアでも大きく取り上げられたが、馬籠の東側にあるのが現在の県界、西側に引かれているのが国界だ。もちろん昔も今も「信州の馬籠」は変わらず、その地域を「たまたま岐阜県中津川市が管轄しているだけ」である。

あとがき

最近に始まった話ではないが、紙の地形図の売れ行きはだいぶ落ち込んでいる。ピークの二〇分の一という話を聞いたのも数年前のことだ。パソコンやスマートフォンでこれだけ簡単に地図が見られるようになった現在、紙の地図が「二〇分の一」も売れているのは、むしろ紙ならではの良さがあるからだろう。

特にスマートフォンの地図は手のひらサイズであるから、広域を見ようと思えば縮尺をかなり小さくしなければならない。しかし小縮尺では表現力が落ちる。せめて飛行機の窓から地上を眺める程度の見晴らしがほしい。そこでちょうどいいのが紙の二万五千分の一地形図である。飛行機はふつう地上一万メートル、つまり一〇キロ上空を飛んでいるから、この縮尺ならちょうど四〇センチ離して図を見るのと同じだ。

私は長らく近眼なので五〇を過ぎてもなかなか老眼にならず、これなら相当な爺さんになっても裸眼で地形図を楽しめると根拠なく楽観していたが、残念ながら私にもそれはやって来た。眼鏡を調整しなければ見えないし、無理に見ると目が疲れるので、遠近両用眼鏡を作る前の一時期、地形図そのものを眺める時間がかなり減ってしまった。これは困った。商売あがったりである。

しかし家で図をスキャンしたものをパソコン画面で大きく拡大して見たら、これまで見えていなかった細かいあれこれが見えてきたではないか。これでまた地形図が楽しくなった。特に戦前の地形図がすごい。よくぞこれまで細かい描写を、しかも一色刷などで表現したものである。本当の職人技だ。

それから、パソコンで地形図を閲覧できる国土地理院の「地理院地図」がかなり拡大できるのもありがたい。空中写真も戦前期からつい最近に至るまでの膨大なコレクションがいつでも見られるのは夢のようだ。空中写真は拡大して細かいところを確認するのもダウンロードも簡単だから、地形図で気になった部分を空中写真で確認してみると新たな発見もありそうだ。

「地理院地図」では各種の計測も実に簡単である。図上の二点間の距離などモノサシいらずで一瞬だし、道に沿った複雑なルートの距離や湖沼や公園などの面積を測るのも簡単だ。右クリックすればその場の標高や経緯度もわかるし、私はそれほどやらないが、地形図を立体画像（3D）のモードで楽しむこともできる。デジタル方面にはずっと苦手感があって、そちらの方はまったくの「素人」であるが、私よりパソコンをうまく操れる多くの読者諸賢なら、きっと思いもよらない地形図の「遊び方」をすでに実行されているに違いない。いずれにせよ、本書で紹介したものはあくまで私の趣味による見方の一例なので、皆さんにはこれをヒントに独自の楽しみ方を見つけていただきたい。

ここまでお読みいただき、ありがとうございました。それから、日本加除出版の倉田芳江さんには『住民行政の窓』での長きにわたる連載はもちろん、今回も図版の整理から各種アドバイスまでいろいろとお世話になりました。末筆ながら御礼申し上げます。

令和元年（二〇一九）九月

今尾　恵介

地形図でたどる日本の風景

2019年10月30日　初版発行

著　者　今尾恵介
発行者　和田　裕

発行所　日本加除出版株式会社
本　社　郵便番号 171－8516
東京都豊島区南長崎3丁目16番6号
TEL (03)3953-5757(代表)
(03)3952-5759(編集)
FAX (03)3953-5772
URL www.kajo.co.jp

営業部　郵便番号 171－8516
東京都豊島区南長崎3丁目16番6号
TEL (03)3953-5642
FAX (03)3953-2061

組版・印刷　㈱亨有堂印刷所　／　製本　牧製本印刷㈱

落丁本・乱丁本は本社でお取替えいたします。
★定価はカバー等に表示してあります。

Printed in Japan
ISBN978-4-8178-4592-4